体育综合体

邬新邵　著

中国建筑工业出版社

图书在版编目（CIP）数据

体育综合体 / 邬新邵著. —北京：中国建筑工业
出版社，2021.10
ISBN 978-7-112-26725-5

Ⅰ.①体… Ⅱ.①邬… Ⅲ.①体育馆－建筑设计
Ⅳ.① TU245

中国版本图书馆 CIP 数据核字（2021）第 215351 号

本书系统介绍了体育综合体的知识。
　　主要内容为：体育综合体的概念，包括基本概念、理论基础、发展动因和开发
原则；体育综合体的功能定位，包括功能分析和功能定位的基本原则、影响因素及
主要方法；体育综合体的业态布局，包括业态分析和业态布局的基本原则、影响因
素及主要方法；体育综合体的空间设计，包括空间设计的原则、对策和要点；体育
综合体的商业模式，包括融资模式、经营模式、盈利模式和风险管理。
　　本书供建筑和体育产业从业人员使用。

　　责任编辑：郭　栋　辛海丽
　　责任校对：张惠雯

体育综合体

邬新邵　著

*

中国建筑工业出版社出版、发行（北京海淀三里河路 9 号）

各地新华书店、建筑书店经销

北京建筑工业印刷厂制版

北京建筑工业印刷厂印刷

*

开本：787 毫米×1092 毫米　1/16　印张：7½　字数：172 千字

2022 年 1 月第一版　　2022 年 1 月第一次印刷

定价：**39.00** 元

ISBN 978-7-112-26725-5

（38144）

前　言

马克思在《资本论》中指出："空间是一切生产和人类活动所需的要素。"在人类社会的发展历程中，人们对复合空间的开发和利用一直在不断努力探索。体育综合体作为破解体育场馆运营管理世界性难题的重要手段，是我国独创并实施的一项促进体育场馆产业结构化、信息化和专业化的复合空间开发利用模式。

体育综合体也称为"城市体育服务综合体"，2014年国务院发布的《关于加快发展体育产业促进体育消费的若干意见》中首次作为一个独立名词被提出来，此后在相关政府的报告中使用的频率越来越高，目前已成为指导体育产业发展的新思路和新模式。2015年，学者丁宏、金世斌依托城市综合体的概念首次对其做出了理论性的解答，"以大型体育建筑设施为基础，促进功能聚合、实现土地集约，融合体育健身、体育会展、体育商贸、体育演艺、健康餐饮等功能于一身的公共体育服务与体育经济发展聚集体"。2016年5月，《体育发展十三五规划》正式对其做出了概念性的阐述，"将城市体育场馆设施建设与住宅、休闲、商业等业态融合，为参与体育竞赛、全民健身、体育培训的群体提供配套服务，拉长服务链，把场馆设施打造成为以体育为主题、功能丰富、综合配套齐全、可经营性强、充满活力的服务性实体"。

体育综合体是体育场馆建筑与城市人文生活结合的产物，是以体育为主导的城市综合体，与文化商业、休闲、办公等城市功能有机组合，通过合理分区，复合流线，形成互补优势，成为高效、集约的"城市活力中心"和促进城市消费需求转型、市民文体生活得到满足及城市活力提升的"一站式"服务平台。

本书是国内第一本系统论述体育综合体的著作，全面、详细阐述了我国体育综合体的产生背景、发展历程、发展趋势以及体育综合体的概念、功能定位、业态布局、空间设计、商业模式。本书涵盖了国内外体育综合体开发的方方面面，既有大型体育场馆"两改型"体育综合体，也有老百姓身边服务于全民健身的中小型体育综合体。通读全书，可以使读者通过一个个生动、现实的典型案例，从理论到实践全面了解国内外体育综合体发展的精髓。

此次出版《体育综合体》一书，旨在将本人对体育综合体开发的一些学习体会和实践经验与读者分享，抛砖引玉，希望能够为我国体育综合体的发展贡献绵薄之力。

目　录

第一章　引言 ……………………………………………………………………… 1

第一节　我国体育综合体的产生背景 ……………………………… 1
第二节　我国体育综合体的发展历程 ……………………………… 5
第三节　我国体育综合体的发展趋势 ……………………………… 8

第二章　体育综合体的概念 ………………………………………………… 10

第一节　体育综合体的基本概念 …………………………………… 10
第二节　体育综合体的理论基础 …………………………………… 12
第三节　体育综合体的发展动因 …………………………………… 14
第四节　体育综合体的开发原则 …………………………………… 15

第三章　体育综合体的功能定位 …………………………………………… 16

第一节　体育综合体的功能分析 …………………………………… 16
第二节　体育综合体功能定位的基本原则 ………………………… 25
第三节　体育综合体功能定位的影响因素 ………………………… 26
第四节　体育综合体功能定位的主要方法 ………………………… 28

第四章　体育综合体的业态布局 …………………………………………… 32

第一节　体育综合体的业态分析 …………………………………… 32
第二节　体育综合体业态布局的基本原则 ………………………… 33
第三节　体育综合体业态布局的影响因素 ………………………… 34
第四节　体育综合体业态布局的主要方法 ………………………… 36

第五章　体育综合体的空间设计 …………………………………………… 45

第一节　体育综合体空间设计的原则 ……………………………… 45
第二节　体育综合体空间设计的对策 ……………………………… 47
第三节　体育综合体空间设计的要点 ……………………………… 73

第六章　体育综合体的商业模式 …………………………………………… 86

第一节　体育综合体的融资模式 ……………………………………… 86

第二节　体育综合体的经营模式 ……………………………………… 90

第三节　体育综合体的盈利模式 ……………………………………… 99

第四节　体育综合体的风险管理 ……………………………………… 105

第一章 引 言

第一节 我国体育综合体的产生背景

一、城市职能的变化

改革开放以前的计划经济时代，我国城市主要职能被认为是生产基地，当时工业用地的比例大大高于其他国家城市的相应比例，而居住用地比例和服务设施用地比例大大低于其他国家城市的相应比例。

改革开放后，城市作为综合经济中心的职能和意义逐渐被认识，城市要成为一定地域的经济中心，仅有第一产业和第二产业是不够的，还必须要发展第三产业支撑其扮演流通、服务、贸易、金融、信息等经济中心职能。随着城市产业结构的调整，城市空间资源也普遍重新优化了配置，主要是城市公共服务设施增多和生活类空间增加，包括居住、商业、服务、教育、卫生、文化、体育、休闲和娱乐等，城市不再仅仅是加工基地，更成了消费空间和经济增长的重要动力。

二、体育产业的发展

1. 体育事业的产业化

改革开放政策的实施和社会主义市场经济体制的确立，对各行各业都产生了深远的影响，体育产业化也应运而生。第八届全国人民代表大会第四次会议通过的《国民经济和社会发展"九五"计划和 2010 年远景目标纲要》中明确提出，要"形成国家和社会共同兴办体育事业的格局，走社会化、产业化的道路"。这是国家对体育事业和人民健康的高度关注，并第一次将体育社会化、产业化写入跨世纪的纲领性文件中，指出了体育事业改革发展的方向和道路，为 21 世纪我国体育走社会化、产业化道路奠定了重要的政策、理论和法律基础。

体育产业是文化产业的一部分，是一种有助于提高人们的精神素质和身体素质的服务，属于第三产业。这种产业既有物品的创造，也包括提供满足人们需要的服务，是一种非实物形态的服务。随着人们生活水平的提高，在产业日益信息化、社会化和专业化的条件下，对服务类产品需求的增长速度将高于对物品类产品需求的增长速度，无形产业的比重将会超过有形产业。

体育产业的兴起既是体育本身发展的需要，也是体育和市场经济互相作用、互相推动的结果。顺应时代的变化，围绕体育社会化和产业化的特点，体育由原来的国家包办，靠

1

国家"输血"的消耗性事业转变为由国家与社会共同举办，甚至可参考发达国家完全由社会经办的经验，形成具备多种渠道"造血"功能的产业。体育产业成为由众多的主体产业和相关产业构成的综合性系统工程，它兼具公益性和商业性的特点，经济效益和社会效益相结合，形成了越来越宽阔的市场。

欧美发达国家的体育产业从 20 世纪 60 年代开始起步，到 20 世纪 70 年代伴随着全球性产业结构的调整和传播媒介的普及，表现出了国际化、快速化的强劲势头。美国在 20 世纪 80 年代末体育产业的年产值为 630 亿美元，占国民经济总产值的 1.3%，已经超过了石油、航空、汽车等重要工业部门的产值。在同一时期，意大利体育产业的年产值为 128 亿美元，已跻身国民经济十大重要部门之中。英国在 20 世纪 90 年代初的体育产业年产值已超过 100 亿美元，超出了汽车和烟草等行业的产值。日本的体育产业在其十大产业之中也排到了第六的位置。综上可见，体育产业是一种具有巨额投入和丰厚产出的产业，存在着巨大的市场潜力和开发价值。相比之下，我国体育事业产业化的进程才刚刚起步，还有许多问题有待各个领域的学者去发现、分析和解决。

2. 体育产业的发展特征

体育产业在不同发展阶段，呈现出不同的类型特征。在体育产业的形成时期，它以体育服务业、体育用品业和体育设施业三个独立的行业形式存在，表现为"以一个产业单位为主"的自主独立式的"单一型"产业类型；而不是与相关产业融合发展的综合性产业。现代体育产业已经由过去的"单一型"体育产业类型为主，走向以"复合型"体育产业类型为主的发展特征，如图 1-1 所示。

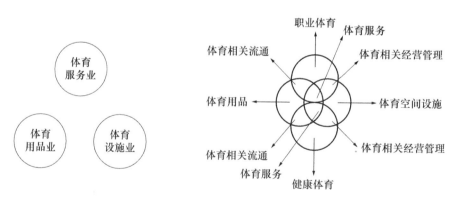

（a）体育产业形成时期的产业类型　　　　（b）现代体育产业时期的产业类型

图 1-1　体育产业类型的不同发展阶段

图 1-1 表明，体育产业由过去的"单一型"三大产业复合，派生出七大体育产业门类。以日本通产省公布的 1994 年日本足球职业联赛相关市场统计数据为例。体育用品产业：职业足球 580 亿日元，相关用品（纪念品等）1150 亿日元；体育服务产业：直接职业联赛新闻媒介 185 亿日元，相关新闻媒介 200 亿日元，观众支出 270 亿日元；体育场馆设施业 100 亿日元。这就是日本以体育服务、体育用品和体育场馆设施三大基本产业为主构成的职业足球联赛市场，其中就包含了"复合型"体育产业。因为一个成熟的职业体育联赛

市场，它不仅拥有自己的职业球队，还拥有自己的体育场馆设施、自己命名的宾馆、自己的影像管理等完整的经营管理体系和未来的经营战略管理网络。

从体育产业由单一型向复合型发展的轨迹我们可以看出，体育设施产业一直是体育产业的重要组成部分，它为体育产业的整体推进提供硬件支持；并且，随着体育产业类型的演进，在带动相关产业发展方面也起到了越来越关键的支撑作用。因此从宏观上讲，对体育设施发展方向与模式的研究，是我国体育产业发展的迫切需要。

3. 体育产业结构的变化趋势

随着国民经济的进一步发展，我国经济结构发生了显著变化并逐渐趋于合理。第一产业比重有较大幅度下降，第二产业比重明显下降，第三产业比重逐年增长，到2010年有较大提高，见表1-1。21世纪初，我国第三产业内部的产业服务业和居民服务部门迅速发展，为我国体育产业发展创造了良好的外部环境和先决条件，并成为我国体育产业结构优化的外在条件。

1990～2010年我国的产业结构变化（%）　　　　　　　　　　表1-1

产业类型	1990年	2000年	2010年
第一产业	28.4	17.7	12.7
第二产业	43.6	52.3	51.3
第三产业	28.0	30.0	36.0

从目前我国体育产业的发展情况看，以体育竞赛表演业优先发展的体育产业机构，一方面导致体育产业内部各部门关系不协调，体育产业结构关联水平、关联程度和关联质量较低，导致体育产业的有效供给能力降低；另一方面，随着社会发展和人民生活水平的不断提高，大众体育需求迅速增大并呈现出多元化的趋势，造成我国体育产业总供给与社会体育总需求之间不平衡，表现为体育供给绝对量不足；体育产业供给结构暂时所能提供的产品多是体育物质产品和体育观赏性劳务产品，不能提供与社会体育需求相一致的体育产品。特别是对于大众日益增长并呈现出多元化趋势的健身、娱乐、康复保健等体育需求不能充分满足，同时又有一部分体育供给成为滞销产品，如体育竞赛表演等。这些因素成了体育产业结构调整的内部动力。

由此可以预见，21世纪我国体育产业结构将会呈现出以下调整趋势：

（1）体育健身娱乐业是体育产业发展的主旋律。

进入21世纪，随着居民消费结构中对享受资料和发展资料消费的增长、全民健身计划的推进以及居民闲暇时间的增多，居民的体育需求迅速增加，体育消费结构向合理化、高级化方向发展，各种体育健身娱乐消费服务成为人们生活的必需品。尤其是进入中国特色社会主义新时代以来，我国体育健身娱乐业在规模、形式、内容等方面迎来了巨大发展，有组织的体育人口将大幅度增加。而且，由于体育健身娱乐业基础设施投入的进一步加大，体育场地设施不足的状况也会得到有效缓解。目前，不同消费群体、年龄群体对健身娱乐设施的需求呈现出多元、多向的特点，配套设施建设也将面临多样化的发展趋势。

（2）体育竞赛表演业快速发展。

体育竞赛随着国际、国内各种职业比赛水平的提高，电视转播内容的增加和新媒体的普及，将更具观赏性。各种报刊、广告和社会传媒的宣传吸引了更多的体育爱好者走进运动场，欣赏运动员的精湛技术和精彩表演，融入创造美、欣赏美的活动之中。体育竞赛表演的质量越来越高，对社会的影响也越来越大，又进一步推动了体育健身运动的普及；场馆设施使用也被推向一个高潮，为体育产业的发展带来无限商机。

（3）相关产业稳步发展。

体育健身娱乐业和体育竞赛表演业的发展带动了相关产业部门的发展。在体育产业发展过程中，人们更加注重市场需求，提供符合居民需要的各种体育服务产品，如受体育健身业发展的引导，体育培训业和体育场地服务业将得到较快发展。总之，体育主体产业和相关产业（包括体育建筑业）的发展将以人们的需求为基础，以市场为导向，形成良好的比例关系，推动体育产业结构的优化升级。

4. 体育产业的发展空间

体育产业是第三产业中的新兴产业和朝阳行业。当经济发展到一定阶段，社会需要体育产业有一个大的发展，以下几点便是实证：

（1）发达国家的经验表明，人均 GNP 处在 1000 美元时，第三产业的发展应占 50%。换言之，一个国家第三产业越发达、城市化水平越高，对体育产业的需求就越旺盛。我国目前第三产业发展和城市化水平与发达国家比较，还有较大的发展空间。但随着城市化进程的加快、第三产业的发展，必然会对我国体育产业的发展带来强烈的需求。

（2）全世界每年体育市场的销售额为 5000 亿美元，其中美国占了 40%，而中国只有 1%；全世界人均体育产品消费 83 美元，中国只有 4 美元；体育市场销售额在国民经济中所占比例，世界平均水平为 1.6%，中国只有 0.5%。这些数字在投资者和决策者眼里都意味着巨大的市场潜力。

（3）随着生活水平的提高，人们体育消费的需求也在增强。麦肯锡咨询公司曾以上海、北京和广州三大城市为调查对象，得出一份包括体育在内的人均娱乐消费数据：1990年不到 500 元，1995 年达到 2000 元，2000 年达到 3000 元，10 年中娱乐消费金额以四五倍的速度增长。可见，体育消费增长空间是多么的巨大！

（4）全民健身运动本身就存在着巨大的商机，市场也非常庞大，只是在计划经济时期，体育靠财政拨款，没有进入商业运行轨道，它的商机没有体现出来。有人算过一笔账，按照每年人均体育消费水平 100 元人民币计算，中国 14 亿人口，体育产值约 1400 亿人民币，这是极为保守的算法。据体育部门预测，到 2035 年体育产业将会成为我国国民经济的支柱性产业。

三、国家政策的推动

国务院于 2014 年颁布实施的《关于加快发展体育产业促进体育消费的若干意见》（国

发〔2014〕46 号文件），以及国务院办公厅于 2019 年颁布实施的《关于促进全民健身和体育消费推动体育产业高质量发展的意见》（国办发〔2019〕43 号文件），是国家发展体育产业的重大决策，是我国发展体育产业的纲领性文件，也为我国体育综合体和体育场馆产业的发展指明了方向和路径。

其实十八大以来，从国家到地方纷纷出台了不少支持鼓励体育综合体发展的政策。比如在国家层面，2013 年国家体育总局等八部委联合出台了《关于加强大型体育场馆运营管理改革创新提高公共服务水平的意见》（体经字〔2013〕381 号），明确要"打造特色鲜明、功能多元的体育服务综合体和体育产业集群"，首次提出了体育综合体的概念。2014年，国务院印发《关于加快发展体育产业促进体育消费的若干意见》，提出"以体育设施为载体，打造城市体育服务综合体，推动体育与住宅、休闲、商业综合开发。"在地方层面，江苏省人民政府在《关于加快发展体育产业促进体育消费的实施意见》中提出："打造体育服务综合体，制定体育服务综合体发展计划，加强规划引领和政策扶持，依托现有体育场馆群，打造健康休闲服务、高水平竞技赛事、体育培训、相关商品销售和销售商贸会展等功能多元的体育服务综合体。"广州市政府在《加快发展体育产业促进体育消费实施意见》中明确提出："积极支持鼓励实力雄厚的企业以体育设施为载体，大力打造城市体育服务综合体，推动体育与住宅、休闲、商业综合开发，形成城市新地标。"

此外，2015 年 1 月，国家体育总局印发《体育场馆运营管理办法》，提出鼓励建设体育服务综合体和体育产业集群；2016 年 6 月，国务院发布《全民健身计划（2016—2020）》（国发〔2016〕37 号文件），提出到 2020 年每周参加 1 次及以上体育锻炼的人数达到 7 亿，体育消费总规模达到 1.5 万亿；2016 年 7 月发布的《体育产业发展"十三五"规划》将场馆服务业归为重点行业；2016 年 10 月，《国务院办公厅关于加快发展健身休闲产业的指导意见》（国办发〔2016〕77 号文件）文件中表示，"鼓励健身休闲设施与住宅、文化、商业、娱乐等综合开发，打造健身休闲服务综合体。"特别是 2019 年，国务院办公厅印发《关于促进全民健身和体育消费推动体育产业高质量发展的意见》，进一步指出"鼓励建设体育服务综合体。支持推出一批体育特殊鲜明、服务功能完善、经济效益良好的综合体项目，稳步推进建设一批规划科学、特色突出、产业集聚的运动休闲特色小镇。"

因此，在政策的大力推动以及时代发展的催化作用下，近年来各地的体育综合体如雨后春笋般涌现，充分盘活了体育场馆资源、体育生态资源和人文资源，带动了各类康体运动业态的发展，有助于促进城市体育经济的升级和健康城市的发展。政府通过支持体育综合体的发展，切实拉动体育消费，推动体育产业提质增量、结构性调整和转型升级，成为体育场馆设施供给侧结构性改革的重要举措。

第二节　我国体育综合体的发展历程

1. 立足助力城市发展的城市综合体及相关行业综合体的发展

20 世纪七八十年代，自法国巴黎诞生第一个城市综合体——拉德芳斯以来，城市综合体成为世界范围内城市建设和发展的亮点。城市综合体将建筑空间、消费内容、交通体系、城市文化等要素融为一体，呈现出服务功能强、发展空间大、综合效益好的良好态势，对城市经济、社会、文化发展产生了积极而深远的影响。

我国自改革开放以来，以深圳国贸中心和帝王大厦、北京国贸中心和华贸中心，以及上海新天地和广州天河城等为代表的城市综合体迅速崛起。进入21世纪，城市综合体发展的速度和质量进一步提升，大多数二三线城市甚至把发展城市综合体作为推进新区建设和旧城改造，以及提升城市形象的重要手段。同时，在大众消费需求持续扩张以及政策支持商业、旅游、养老、文创等产业发展的多重因素影响下，城市综合体已发展细分出商业、旅游、养老、文创等多种形态。

虽然多种形态的综合体大量出现，但在不同研究领域的学者对综合体的认识还存在差异。地理、建筑规划设计研究专家将综合体视为一种特殊的空间地域形态，重点研究环境与相关要素对这一地域空间形成过程和作用机制的影响。如黄杉等选取国内外71个典型城市综合体案例，分析了城市综合体的规模分布、时序演变、功能业态等表现特征，将综合体分为商务办公、商业零售和酒店公寓三大类型的主流城市综合体与文化创意型、休闲旅游型、交通物流型、科教研发型、体育运动型、健康医疗型以及其他类型的非主流城市综合体。产业研究专家把综合体视作企业的集合，重视单个企业以及在该综合体空间内的企业集群的研究。这些差异既反映了不同学科领域对同一问题的多元理解，又体现了综合体的研究在整体上尚处于初级阶段。在一定程度上有利于不同行业、领域的专家学者从不同视角对综合体进行探索和认知，但缺少统一的城市综合体话语体系和科学规范。

2. 基于大型体育场馆多元化运营的体育综合体的发展

体育场馆是开展公共体育服务和发展体育产业的重要平台和物质基础，推动体育场馆更好地发展，有利于改善社会民生，提供更高层次的公共体育服务。

我国大型体育场馆长期存在着一系列运营管理难题，具体体现在体制机制不活、利用效率不高、经济社会效益低下、服务内容不丰富、去体育化现象严重等方面。为破解大型体育场馆运营管理难题，国家体育总局从2011年起着手推进体育场馆运营管理的改革创新，于2012年成立了大型体育场馆运营管理改革领导小组，并于2013年联合国家发展改革委等七部委联合出台了《关于加强大型体育场馆运营管理改革创新提高公共服务水平的意见》（体经字〔2013〕381号），目的在于引导城市大型体育场馆发展体育综合体，提供多元化运营的大型体育场馆，鼓励有条件的大型体育场馆拓展承载功能、拓宽服务领域、延伸配套服务，积极发展体育旅游、体育会展、体育休闲、文化演艺等新兴业态，不断提升大型体育场馆的使用效率和运营效能，为大型体育场馆所在地的城市居民提供内容更多、层次更高的公共体育服务，更好地满足人民群众日益增长的美好生活体育消费需要及相关服务需求。

在《关于加强大型体育场馆运营管理改革创新提高公共服务水平的意见》的指引下，各地陆续将发展体育综合体列入体育及体育产业的重点工作，一批功能相对完备、服务内容多元、产业生态健全、发展效益良好的体育综合体应运而生，出现了体育赛事活动主导、健身休闲聚合、城市服务功能配套等不同类型的体育综合体。这些体育综合体的发展业态涉及体育及相关服务领域，具有覆盖面广、针对性强、产业链完整、协调有序等特点，呈现出良性发展的态势。

3. 着眼于加快提升体育服务业能级的体育综合体的发展

随着经济社会的发展，以承办赛事活动和运动训练为主要功能的传统体育场馆发展模式，已很难满足人民群众日益增长的美好生活体育消费需求。基于特定的体育及其他空间载体，发展集体育健身、休闲娱乐服务为一体的体育综合体，提升体育服务质量，辐射带动周边区域经济发展，越来越成为体育产业发展的现实需要。

2014年10月，国务院印发了《关于加快发展体育产业促进体育消费的若干意见》(国发〔2014〕46号)，明确提出"以体育设施为载体，打造城市体育服务综合体，推动体育与住宅、休闲、商业综合开发"，将发展体育产业促进体育消费上升到了国家层面。在这个文件发布前后一年多的时间里，国家又先后出台了《关于加快发展养老服务业的若干意见》(国发〔2013〕35号)、《关于促进健康服务业发展的若干意见》(国发〔2013〕40号)、《关于推进文化创意和设计服务与相关产业融合发展的若干意见》(国发〔2014〕10号)、《国务院办公厅关于加快发展生活性服务业促进消费结构升级的指导意见》(国办发〔2015〕85号)、《国务院办公厅关于促进全民健身和体育消费推动体育产业高质量发展的意见》(国办发〔2019〕43号)等一系列文件。它们均将体育产业作为重要的发展板块并配以相应的政策措施，使体育产业迎来了空前的发展机遇。发展体育产业成为体育部门一项极其重要的任务。

2015年1月15日，国家体育总局出台了《体育场馆运营管理办法》，从规范发展和提质增效两个角度对体育场馆的建设、运营和管理提出了具体要求，提出"鼓励有条件的体育场馆发展体育旅游、体育会展、体育商贸、康体休闲、文化演艺等多元业态，建设体育服务综合体"，进一步明确了体育综合体在提升体育服务能级、推动体育产业发展中的地位和作用。2016年7月13日，国家体育总局发布的《体育产业"十三五"规划》提出"支持大型体育场馆发展体育商贸、体育会展、康体休闲、文化演艺、体育旅游等多元业态，打造体育服务综合体"，明确了以体育旅游产业为导向的体育综合体等新的类型。2017年，作为体育产业相对发达的省份，江苏省在全国率先出台了《关于加快体育服务综合体建设的指导意见》(苏体经〔2017〕6号)，首次将体育拓展到非体育设施空间领域，将体育综合体定义为"在一定空间范围内，以体育大中型设施为基础，坚持存量资源功能拓展延伸和增量资源业态融合，突出体育的主要功能，融健康、旅游、文化、休闲、商贸等多种服务功能于一体的、业态融合互动、功能复合多元、运行高效集约的体育产业聚集区和城市功能区"。此外，围绕存量大型体育场馆改造和规划新建两个方面着力推动，还提出到2020年全省建成40个体育综合体，并以此为载体带动全省体育服务业的发展。

4. 服务于新时代，解决体育发展不平衡、不充分问题的体育综合体的发展

随着经济社会发展进入新时代，体育发展不平衡、不充分的问题越发凸显。这种不平衡、不充分既包括群众体育、竞技体育、体育产业、体育文化等体育自身主体领域不够发达，又包括这些领域之间以及不同区域之间发展水平的差距较大；还体现在某一具体体育领域内相关支撑要素发展的不平衡、不充分。第六次全国体育场地普查数据显示，我国人均体育场地面积仅为 1.46m²，远低于美国、日本等国家。由于我国体育场馆的保有水平相对低下、承载能力不足。因此，通过建设体育综合体改善体育发展不平衡、不充分问题，就必须将体育综合体的建设从以体育场馆为主向更大、更广的空间领域拓展。不仅要充分利用现有各类大型体育场馆，还要有效利用其他商业空间载体，以及田园、山地、林地、空域、水域等空间资源，将体育服务与空间资源充分、有效地融合，形成崭新的体育服务供给模式。为突破传统以体育场馆为载体发展体育综合体的思路，2016 年 10 月 28 日，国务院办公厅正式印发的《关于加快发展健身休闲产业的指导意见》提出"鼓励健身休闲设施与住宅、文化、商业、娱乐等综合开发，打造健身休闲服务综合体"，将发展体育综合体的载体从体育场馆向健身休闲设施拓展，使体育综合体载体的空间范围极速扩大。

第三节　我国体育综合体的发展趋势

2016 年 7 月 13 日，国家体育总局发布的《体育产业"十三五"规划》将场馆服务业作为"十三五"体育产业重点行业予以规划。通过《体育产业"十三五"规划》可以看出未来体育综合体的发展趋势与特点。

1. 体育场馆经营权改革稳步推进

《体育产业"十三五"规划》提出"对行政机关和事业单位所属的体育场馆，通过引入社会资本和公司化运营机制等，推广'所有权属于国有，经营权属于公司'的分离改革模式"，这为下一步深化场馆管理体制改革指明了方向。因此"十三五"期间，在"所有权属于国有"大框架下，"经营权属于公司"的企业化改革成为场馆改革的核心内容，现有事业单位类型的场馆管理机构逐步转为企业，新建体育场馆则基本上由企业运营。"十四五"期间，国家体育总局将会进一步支持体育场馆经营权改革试点，探索经营权改革的经验并在全国范围内推广，以推动场馆管理体制改革向纵深发展。

2. PPP 模式成为新建体育场馆的主流模式

PPP 模式是当前我国推进基础设施建设的主要模式，是社会力量投资运营大型公共基础设施的重要路径。当前，我国已有部分新建体育场馆采取 PPP 模式进行建设运营，并取得了一定成绩。据不完全统计，截至 2018 年 9 月，财政部 PPP 中心项目库中共有 195 个体育场馆项目入库，未来还将有更多的体育场馆项目尝试采用 PPP 模式。"十三五"期间，国家体育总局、国家发改委等部门为推进社会力量投资体育场馆提供了不少政策支持，地方各级政府在实施体育场馆 PPP 项目过程中进一步摸索完善了相关制度设计，通过法规政策强化运营监管，保障各方权益，充分发挥体育场馆的社会效益和经济效益。预计"十四五"期间，社会力量将成为投资建设体育场馆设施的重要力量。

3. 体育综合体服务内容更加多元化

从《体育产业"十三五"规划》的指导思想来看，鼓励体育场馆全面发展，多业兴体，丰富服务内容，支持体育场馆运营机构从场馆服务转型为体育产业综合服务供应商。同时，根据群众需求提供更多一站式服务，满足人民群众日益增长的多元化服务需求。

4. 体育场馆服务进一步标准化智能化

在"十三五"期间，更多的体育场馆开展了场馆服务标准化认证工作，推进了场馆服务的流程化、标准化和规范化，大幅度提升了场馆的服务质量。同时，随着"互联网＋"战略和大数据在场馆服务领域的推广及应用，场馆服务信息化和智能化水平已大幅提升，这将对场馆运营产生革命性的变化与影响。

5. 体育综合体建设步伐加快

体育场馆目前在个别发达地区"以体为主，多元发展"的理念下，转型为以体育为主，与休闲、娱乐、文化、旅游、购物、住宿等业态高度融合的体育综合体，取得了较好的社会效益和经济效益。在《体育产业"十三五"规划》中，对依托场馆打造体育综合体有了进一步说明，促使许多正在筹建或新建的场馆将体育综合体理念融入规划设计和运营方案，并激发部分老旧场馆进行场馆改造的热情。可以说，体育综合体的打造使我国场馆服务业在"十三五"时期进行了一次全面的转型升级。

6. 场馆专业运营市场主体大量涌现

随着社会力量投资运营体育场馆的热情不断提高和场馆经营权改革步伐的加快，场馆服务业中涌现了一批专业的体育场馆运营市场主体。现在，面对国内庞大的场馆服务业市场，专业的体育场馆运营市场主体异军突起，原有的体育场馆专业运营公司扩展步伐日渐加快并迅速成为场馆服务业中的中坚力量，扩大了品牌输出、管理输出力度，实现了场馆连锁和规模化经营，带动了场馆服务业的快速发展。

第二章　体育综合体的概念

第一节　体育综合体的基本概念

转变体育发展方式、优化体育服务供给、满足多元社会对体育发展的新要求，在全民健身国家战略和政府推进体育供给侧结构性改革的宏观背景下，一批以特定的空间载体为平台、以体育服务为主要内容的体育综合体陆续在北京、上海、广州等大型城市兴起，并逐渐向其他城市扩散，使体育服务的空间格局、供给模式和供给内容开始发生转变。对此，一些学者借鉴国内外城市综合体的发展历程和特征，对体育综合体的概念进行了归纳：体育综合体是以体育为主题，将体育场馆设施与住宅、休闲、商业等业态融合，为参与体育活动的群体提供综合服务的集聚区。

体育综合体也叫"城市体育服务综合体""城市体育消费综合体"。在2014年国务院发布《关于加快发展体育产业促进体育消费的若干意见》（国发〔2014〕46号）以后，"城市体育服务综合体"在各级政府体育部门的工作报告中使用频率已经越来越高。现在大家越来越认识到，体育综合体作为我国体育事业发展的一种体现，既可以成为促进体育和健康融合发展的重要载体，也可以成为加快体育产业发展促进体育消费的新的增长点。但作为新时代的产物，目前学术界对体育综合体的研究少有涉猎且还未形成统一认识，对体育综合体的关注也还停留在发展趋势和市场需求反射性满足等方面，缺乏对其内涵和发展模式等方面的深入研究。笔者认为，深入研究体育综合体，从具体实践中发现规律，提出符合实际的发展模式及针对性较强的解决方案，有利于进一步增强体育综合体开发的前瞻性和科学性。

1. 建筑综合体

《中国大百科全书》将"建筑综合体"定义为"具有不同功能的建筑在空间上的多向性组合"。建筑学界普遍认可的《美国建筑百科全书》则定义为"在一定空间位置上由多个单功能或多功能建筑所组成的建筑群"。由此可见，建筑综合体这一概念突出具有功能性的建筑在空间上的组合。

在此基础上有学者提出，所谓"体育建筑综合体"，是指由几座功能不同的单体体育建筑组合而成，每座单体建筑之间有机协调，互为联系和补充，在专业功能、总体设计及建筑风格等方面形成一套完整体系的建筑综合体。

2. 城市综合体

城市综合体是建筑综合体的升级和城市空间的延续，拥有建筑综合体的主要特征，又称为"复合型建筑""建筑集合体""街区建筑群体""微型城市""城中城"等。部分学者认为，城市综合体是指在城市中的商务办公、酒店住宿、交通出行、餐饮服务、观光展览、社交娱乐、文化活动等功能互补、行为互动、价值互联的街区或多个建筑物的组合。把握城市综合体这一概念，有助于我们进一步理解体育综合体的内涵与特征。

3. 体育综合体

"体育综合体"一词最先出现在 2013 年国家体育总局等八部委出台的《关于加强大型体育场馆运营管理改革创新提高公共服务水平的意见》（体经字〔2013〕381 号）中，但该文件并未对"体育综合体"的内涵及特征进行具体的描述与解释。因此，这引起了学术界浓厚的兴趣。许多专家学者纷纷跟进研究，对"体育综合体"的特征和内涵进行了相关阐释，取得了不少新成果，为推动体育综合体的实践与发展提供了思路和方向。比如，蔡朋龙等人通过研究指出，所谓体育综合体是将体育场馆设施作为物质载体，通过产业融合实现体育与其他产业的多业态发展，其内涵主要突出了发展模式、发展目的以及资源整合的属性和要求。刘言在"城市体育服务综合体系统设计研究"中提出，体育综合体是"以竞技体育场地设施为主导，将多个功能单元集合，形成功能多样、布局优化的体育建筑综合体。它涵盖休闲、文化、娱乐、商业等一系列相互配套且彼此相关联的功能集群的建筑综合体。注重功能单元之间的资源共享、互为依存、相互支撑、有机互补的协同组织形式，有助于整体功能趋于最大化。"丁宏、金世斌在"江苏发展城市体育服务综合体的路径选择"一文中，借鉴了城市综合体等相关的概念，提出"所谓体育综合体乃是依托大型体育建筑，为实现多重功能聚合与放大，集聚并融合体育演艺、健身休闲、运动商贸、体育会展以及健康餐饮形成一个多功能、一站式的公共体育服务以及体育产业经济综合实体。"由此可见，体育综合体是在建筑综合体、城市综合体的基础上演化而来，是城市化的产物，如图 2-1 所示。

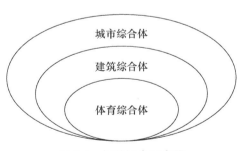

图 2-1　相关概念示意图

根据国内外学者对体育综合体的论述，我们可以得出以下结论，即体育综合体主要依靠体育场馆设施的平台和载体作用，以体育内容为核心业态，通过"体育+""+体育"的方式，促进体育与养老服务、文化创意、设计服务和教育培训等产业业态融合发展，推动体育与住宅、休闲、商业的综合开发，形成集聚体育竞赛表演、大众健身服务、体育旅游服务、商务会展服务、商业零售服务、酒店餐饮服务、休闲娱乐服务等多种业态于一体的聚集体。因此，体育综合体是一个以体育资源为载体的产业系统，是一个城市综合实力的体现。

第二节　体育综合体的理论基础

1. 产业集群理论

产业集群亦称"产业簇群""竞争性集群""波特集群"。1990 年，迈克·波特在《国家竞争优势》一书中首先提出用"产业集群"一词对集群现象进行分析。产业集群是指在特定区域中具有竞争与合作关系，在地理上集中，由有交互关联性的企业、专业化供应商、服务供应商、金融机构、相关产业的厂商及其他相关机构等组成的群体。产业集群的核心是在一定空间范围内产业高度集中，有利于降低企业的制度成本，提高规模效益和范围效益，提高产业和企业的市场竞争力。

体育产业具有关联性和包容性的特点，具备发展产业集群的基础条件。体育产业集群的主要特征包括，聚合在特定的领域内，拥有较强的发展空间，具有较长的产业链和一定的产业规模；而且，产业链中各单元之间既有专业分工又可以实现共享。体育综合体是体育产业集群的物质形态，产业集群理论对体育综合体的开发具有重要作用。

2. 主导产业扩散效应理论

美国经济史学家罗斯托提出了著名的主导产业扩散效应理论和经济成长阶段理论。他认为，产业结构的变化对经济增长具有重大的影响，在经济发展中应当重视主导产业的扩散效应。

《关于加快发展体育产业促进体育消费的若干意见》（国发〔2014〕46 号）指出，要把体育产业作为推动经济社会持续发展的重要力量，开发体育产业巨大的潜在市场空间，利用体育产业扩大内需，到 2025 年打造出 5 万亿元规模的体育市场。通过体育产业的扩散效应，促进房地产业、商业、娱乐业、餐饮业、影视业、会展业等相关产业的发展，诱生新的经济动能，促进经济的可持续增长。

体育综合体作为国家发展体育产业的重要抓手，要以创新、融合的思维方式，为体育产业谋求一条创新、多元、高效的发展之路。在带动经济增长的同时，还形成体育产业循环可持续的健康发展模式。图 2-2 为体育综合体产业结构图。

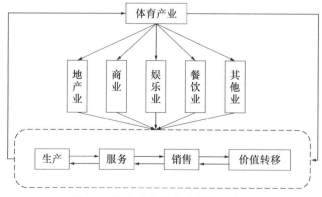

图 2-2　体育综合体产业结构示意图

3. 共生效应理论

共生原为生物学概念，是指不同种类的生物共同生活在一起的现象。它由共生单元、共生模式和共生环境三个要素组成。这是一种在自然界和社会生活中都普遍存在的现象，如海葵和小丑鱼之间、生产经营过程具有配套性的企业之间都存在明显的共生关系；而且它们都有共同的特征，即共生系统中的任一成员都因这个系统而获得比单独生存更多的利益，即具有所谓"1＋1＞2"的共生效益。

在当代经济社会中，共生是指企业所有成员或关联企业通过某种互利机制有机地组合在一起，共同生存发展。共生效应是指一定参照群体中的人们在从事日常劳动、工作和学习时，受到群体中成员的智慧、能力及以往劳动成果的影响，在思维上获得启发、能力水平得到有效提高的现象。这种影响是群体成员之间相互的、潜移默化的，是发展与发挥个人潜能的社会激发因素之一。对于产业经济部门而言，同类企业组织之间可以通过合作、合并及其他方式形成具有共同利益诉求的共生体，从而开辟出新的市场并提升彼此之间的竞争优势及能力。

研究发现，在国内外的一些体育综合体的实践中，体育产业与商业、娱乐业、房地产业等相关产业及其利益相关者共同构成了共生单元。这些共生单元协同发展组成了共生环境，在共生环境中彼此作用构成了共生模式，使体育综合体形成了稳定、可持续发展的能力。

4. 经营城市理论

经营城市就是以城市发展、社会进步、人民物质文化生活水平的提高为目标，政府运用市场经济手段，通过市场机制对构成城市空间和城市功能载体的自然生成资本（土地、河湖）与人力作用资本（如路桥等市政设施和体育文化等大型公益设施）及相关延利资本（如路桥冠名权、广告设置使用权）等进行重组营运，最大限度地盘活存量，对城市资产进行集聚、重组和营运，以实现城市资源配置容量和效益的最大化、最优化。这样，就有效地改变了原来在计划经济条件下形成的政府对市政设施和大型公益设施只建设不经营、只投入不收益的状况，走出一条以城建城、以城兴城的市场化之路。

体育综合体开发，本质上就是经营城市理论的表现形式。它以体育产业为主导，有效解决城市土地、资本等要素没有得到合理利用的问题，是"经营城市"理论在体育产业领域中的具体应用。城市化的实践活动是体育综合体实践的现实基础，经济学上资源利用最大化、效率至上等基本理念为体育综合体的产生提供了理论依据，如图2-3所示。

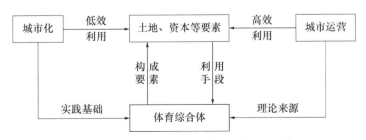

图 2-3　体育综合体的实践基础及其理论来源

第三节　体育综合体的发展动因

1. 坚持"以人民为中心"，增强公共体育服务能力的需要

当前，"以人民为中心"的发展理念已成为时代强音，消除人民日益增长的美好生活需要与不平衡、不充分的发展之间的矛盾是新的发展诉求。体育作为经济社会不可或缺的组成部分，是化解这种矛盾的重要力量。它在提升人民健康素质、营造时尚生活方式、有效改善社会民生、促进发展方式转变等方面，有着不可替代的独特作用。以人民不断提升的体育消费需求为中心，推动体育综合体发展模式持续创新，构建布局合理、规范有序、效益良好的体育综合体发展体系，全面增强体育的多元、复合服务能力，实现公共体育服务的全地域覆盖、全周期服务、全社会参与、全人群共享的目标，对全面建成小康社会、促进人的全面发展与进步具有非常重要的意义。

2. 弥补体育场馆设施短板，扩大公共体育服务供给的需要

目前，我国体育场馆不仅总量供给不足，还存在着供给侧的结构性矛盾。特别是大型体育场馆，一方面场馆经营方式粗放，仍将租赁经营作为体育场馆常态化的经营方式；另一方面，政策层面要求场馆服务内容全民健身化，这使得大型体育场馆通过赛事活动带动人气、引领体育消费的高效率运作模式不断经受挑战，大大降低了大型体育场馆的运行效能。2017年，我国经常性参加体育锻炼的人口比例提高到41.3%，体育健身需求的爆发性增长对体育场馆的发展提出了更高要求。为遵循不同类型体育场馆设施的功能定位，提升体育场馆设施的利用效率，缓解体育场馆供给侧结构性矛盾，既需要对现有体育场馆特别是大型体育场馆的功能进行提升，发展以竞赛表演、健身休闲等服务内容为特征的不同类型的体育综合体；又要大力建设老百姓身边的中小型体育场馆，着力解决老百姓健身去哪儿的问题；还要进一步拓展体育综合体的发展空间，使用户外场地设施以及山、水、空域、森林等特色资源，规划完善体育及相关服务产业链，优化体育服务供给模式，发展面向户外运动人群的体育综合体。

3. 发挥体育正外部性作用，吸引社会资本参与融合发展的需要

体育具有极强的正外部性，这种正外部性不仅体现在体育能够提升全民的健康素质，还体现在体育与旅游、文化等众多行业的关联融合互动上。通过发展体育产业，可以带动餐饮、住宿、商贸、会展、旅游、休闲、娱乐等相关产业的快速发展。随着体育产业化、市场化步伐的加快，社会资本发挥着越来越重要的作用，并且日益成为发展体育产业、促进体育消费的主要力量。但是，社会资本的先天逐利性和体育的正外部性在一定程度上阻碍了社会资本对体育的投资，影响其参与发展体育产业的积极性。因此，选择特定的空间载体作为平台，以发展体育综合体的模式，吸引不同行业的市场主体参与，构建体育及相关产业上下游产业联动和横向市场主体联合的服务供给体系。通过自身系统承接体育正外部性产生的利益输出，并形成体育综合体内部的利益补偿机制，不仅能有效提升体育与相关行业的融合发展水平，还可以有效调动社会资本投资体育产业的积极性，更好地践行"体育＋"的经济范式。

4. 引导各类体育载体打造体育综合体，增强体育全域服务能力的需要

随着以"城乡统筹、城乡一体、产城互动、节约集约、生态宜居、和谐发展"为主要特征的新型城镇化战略的持续推进，在国家体育总局的统筹部署以及各级地方政府的积极探索下，一批国家体育产业基地、运动休闲小镇、体育特色村镇等体育发展形态在全国各地持续实践，并取得了一些积极、可取的创新发展成果。如能在体育发展载体探索发展的基础上，引导各级政府和各类投资主体引入体育综合体理念，通过进一步挖掘空间资源、体育文化、生态环境等潜力和优势，提升体育产品和服务的附加值，形成一批形态各异、特色鲜明、扎根基层的体育综合体。对于增强体育服务全域覆盖的能力，有效缓解人民日益增长的体育需求与体育发展不平衡、不充分之间的矛盾，具有不可替代的作用。

第四节　体育综合体的开发原则

1. 实用原则

无论体育综合体的规模大小、功能定位和业态布局如何，最主要是要契合目标消费者的消费需求。从消费需求出发是开发体育综合体需要遵循的根本原则，特别是随着体育建筑形态日新月异的变化，一定要注意因地制宜，避免在空间、功能设计上脱离实际。

2. 安全原则

体育综合体作为成千上万人进行社会实践活动的空间，其场地设施建设的可靠程度、消防、排水、通风等，都影响着消费者的消费体验和安全需求。尤其是与体育活动相关的场地设施，对于空间内的光照、温度、声效、空气质量等因素，都必须考量绿色、环保、健康的要求。

3. 经济原则

经济原则的内涵集中体现在集约、高效，利用有限的资源发挥最大的效益。在体育综合体的开发过程中，不仅要在空间、设施的利用上秉持经济原则，更要在开发周期、工程进度和建筑选材上保证效益的最大化。

4. 以人为本

体育综合体内的空间意象、环境气氛均会对消费者的情绪和心态产生影响，在氛围和环境的建设中要考量其对消费者心理层面的影响，要把"以人为本"的原则从高处落到细节。比如，综合体建筑的形态可良好地融入周边环境，建筑特色要发扬正确的价值观和体育精神，与城市区域的人文精神协调发展等。

第三章 体育综合体的功能定位

体育综合体的功能定位至关重要，它要与城市功能服务科学配套相结合，并且要以较好地满足人民生活的需要和诉求为依据。借鉴全球最顶尖的营销战略家杰克·特劳特提出的"定位理论"，我们可以将体育综合体分别从整体功能和子系统功能两个方面进行定位。整体功能定位主要解决体育综合体能做到什么，能发挥什么作用，是对体育综合体发展的硬性约束；子系统功能定位主要解决体育综合体自身所具备的功能，体现体育综合体开展的主要功能内容。笔者结合广州天河体育中心、南京奥林匹克体育中心、江苏镇江体育会展中心、英国考文垂体育综合体和法国里尔综合体等国内外典型体育综合体案例，对体育综合体的功能定位进行研究。

第一节 体育综合体的功能分析

一、体育综合体的整体功能

1. 资源整合功能

体育综合体的资源整合就是通过优化资源配置，实现项目整体功能利益最大化。总体上看，体育综合体的资源整合功能就是推动体育资源的社会化和市场化，健全和完善"政府推动、市场拉动、行业联动"的项目运行机制，整合城市资源、市场资源及资金资源，促进体育综合体的可持续高质量发展。具体来说，体育综合体的资源整合功能就是通过建立资源共享机制，以体育场馆设施为平台，与上下游产业有机融合实现产业规模扩大，强化体育场馆设施与其他行业资源的整合，提高城市资源的集约化水平。同时，通过整合市场资源，将体育服务与商业、休闲娱乐、餐饮等业态有机融合，实现客源、产品和服务的整合，以及积极引入市场机制，拓宽融资渠道，丰富产品供给，提高民间资本在体育资源配置过程中的投入比例。以江苏镇江体育会展中心探索形成的"1＋X＋Y"模式为例，"1＋X＋Y"模式中，"1"是指体育本体产业，其中包括体育场馆设施管理、全民健身服务、国内外大型体育赛事活动等；"X"是指与体育相关联的内容再造，是根据丰富市场供给、促进融合发展的任务而设立的体育服务项目；"Y"是指贯彻创新体制机制，培育多元主体而采用的多种商业模式。以"1"为平台不断充实"X"的内涵，根据不同合作伙伴的实际情况设计多种商业模式，让"Y"充满生机，不断推进体育综合体的市场化运营机制。

2. 创新服务功能

体育综合体的创新服务功能不仅能够增加体育服务的质量和数量，还可以实现与消费需求的有效对接，进一步延伸或拓展服务的覆盖范围。从体育需求层面看，体育项目植入体量大、覆盖范围广，可以让更多老百姓共享体育服务。从消费者层面来看，体育综合体不仅满足消费者日常生活需求，包括超市、餐饮等生活服务类业态；而且满足消费者社交和享受需求，包括酒店、商务、办公及KTV等与消费者休闲娱乐、办公有关的业态，使潜在的消费人群由单一的体育消费者扩展到整个城市的消费人群。因此，体育综合体项目植入的覆盖范围，可以从孕妇、婴幼儿、儿童、青少年到老年人，包括STEAM儿童大学、妈妈课堂、超级运动场、创意科教（空模、海模、车模、建筑模型等）、精英早教平民化工程、老年人健康中心等体育与科技、教育、医疗卫生等相融合的创意业态；而这些体验式业态通常是与消费者生活息息相关的，足以保证客流量的稳定性。同时，通过配置零售商店、运动超市（迪卡侬）、酒店、餐饮及音乐中心等，满足消费者生活、享受、社交和自我实现需求的业态。总之，就是在突出自身特色、创新服务项目的同时，较好地满足消费者的多样化需求。

3. 城市发展功能

体育综合体是所在区域的地标性建筑和城市景观，一方面它对当地的文化传播和文化体系建设发挥着积极的作用；另一方面，它还为项目所在地区域的经济发展提供了新的动力，实现了社会效益和经济效益的高度统一性。这也充分说明体育综合体不是孤立的存在，它与城市规划、城市发展构成一个相对有序的系统，对外与周边城区以及整座城市形成一个平衡和适应的关系，呈圆弧形对外辐射，表现出"体育综合体开放效应"。以下是体育综合体在城市发展功能上的具体体现：

（1）体育综合体空间布局推动城市空间结构优化

随着城市化进程的进一步加快，城市核心区空间密度不断加大、各区域之间发展不平衡、环境恶化等问题不断凸显，严重阻碍了城市的可持续发展。而体育综合体作为城市举办体育赛事的物质载体，对所在城市或区域的基础设施、就业环境、经济发展等都会产生积极影响。为此，现代奥林匹克运动已将体育馆、竞技场及其各种附属设施完美地与现代城市相结合，有力地促进了城市的经济、环境和社会更新。

① 依据城市发展规划，合理布局体育综合体

我国多数体育综合体由政府投资，资金来源于国家税收。为确保资金有效利用，充分发挥体育综合体功能，政府往往十分重视体育综合体布局及建设工作。但就目前我国体育综合体管理现状而言，多数体育综合体依然存在赛后利用不佳、功能发挥不足等问题，这与我国体育管理体制落后、管理水平不高等因素密切相关。当然，体育综合体空间布局不合理也是造成这些问题的主要因素之一。由于体育综合体是城市举办大型体育赛事的重要载体，其空间布局首先会考虑赛事需求，尽可能地为体育赛事提供基础保障。但体育赛事大多属于短时行为，对城市发展的影响时效十分有限；而体育综合体一旦选址建设，将长久地存在于城市空间内，对城市发展产生持续影响，两者之间是存在一定矛盾的。因此，合理布局体育综合体，不应单方面考虑体育赛事需求，而应将赛事需求与城市发展规划相结合，促进城市的长远发展。

一般而言，城市发展规划充分考虑了城市发展的区位特征，具有针对性、直接性、前瞻性和预判性。体育综合体地理位置的选择参照城市发展规划合理布局，能够在把握城市各区域人口分布、经济发展现状的基础上，更好地将体育综合体与其选址区域的人口密度、经济发展状况相结合，缓解区域人口压力，拉动经济协调发展。这是解决体育综合体利用不佳、功能发挥不足等问题的有效途径之一。因此，城市管理者可以在体育综合体规划建设初期，将体育综合体空间布局与城市发展规划密切结合，尽可能地发挥其在城市发展中的积极作用，这也是城市政府管理智慧的重要体现。同时，体育综合体的空间布局应与城市未来发展相联系，根据不同时期的城市建设要求对周边产业不断调整，将体育综合体建设发展融入所在区域未来发展规划中，尽可能地发挥体育综合体的"增长极"作用。

②体育综合体布局规划合理，推动城市空间结构优化

体育赛事尤其是大型综合性体育赛事的成功举办，需要坚实的经济基础、丰富的资源要素及便利的基础设施作为条件支撑，因此赛事举办地往往选址在一定区域内发展水平较高的中心城市。但极易忽视的是，这些城市作为一定区域内经济社会发展的中心，往往集聚大量人口，一旦人口密度与环境可承载力之间的矛盾突出、城市空间密度过大，就会造成城市发展不平衡、中心城区交通堵塞、环境恶化等问题。然而，合理的体育综合体空间布局能够缓解城市资源、环境、交通压力，方便居民出行进行体育休闲活动，满足居民多样化的健身休闲需求，是增强人民体质、实现全民健身和全民健康深度融合的必然要求。因此，这些城市要想实现自身的可持续发展，其空间的拓展与优化势在必行。

其次，体育综合体在城市规划引导下进行合理布局，能够更好地与旧城改造、新城建设结合，推动城市发展规划落到实处。事实上，城市发展规划落实的过程也就是城市空间结构优化的过程。因此，体育综合体的空间布局应结合城市居民的需求和大型体育赛事的举办要求，参考城市发展规划，实现城市空间结构的优化。近些年，国内很多城市不断尝试，期望通过体育综合体的空间布局，调整城市不同区域的人口密度，改变城市发展形态，进而优化城市空间结构。广州市从1987年第六届全国运动会开始，在城市发展规划的指导下，通过天河体育中心、广东省奥林匹克中心和亚运村的选址建设，逐步推进城市新区开发，加快广州关于"南拓、北优、东进、西联"城市发展规划的实施。第六届全国运动会成功申办之后，政府决定将第六届全国运动会主场馆选址于废弃的天河机场，希望以此拓展城市发展空间，为广州未来的可持续发展提供地理基础。经过多年的发展变化，目前这里已经从过去落后的城市郊区发展成交通便捷、商贸发达的城市发展中心，这一系列的体育综合体布局一定程度上促进了城市空间结构的优化。

（2）城市空间的结构优化促进资源要素的有序流动

城市地理学通过对城市布局、空间结构及发展规律的研究，总结出关于城市内部空间布局的一系列规律，如同心圆学说、扇形学说和多中心学说，为城市空间布局研究提供了丰富的文献参考。

①城市空间结构优化，形成多中心城市发展格局

城市发展中心是城市政治、经济、文化等公共活动最集中的地区，包含各类企业、工

厂、交易市场、居住社区、公共服务机构等。随着城市化进程的不断推进,城市人口数量的不断增长,强大的集聚性引发资源汇集的同时,也凸显城市发展的困境。一定条件下,城市核心区的人口规模与城市环境的承载力处于平衡状态,城市人口能与其他经济要素聚集并产生集聚效应,促进城市经济和社会发展。但人口规模一旦超越城市核心区环境的可承载力,道路拥挤、环境污染、经济发展速度下滑等一系列问题便随之而来,成为阻碍城市发展的壁垒。

城市核心区发展中出现的问题,与城市仅仅围绕一个中心,从内向外呈"同心圆"发展模式密切相关。拓展城市空间,缓和城市核心区发展压力,只能暂时缓解城市发展问题;如果不打破"同心圆"发展模式,城市核心区发展困境会再次出现。因此,形成多中心城市发展格局才是解决当前问题,防止问题再次出现的有效方法。多中心城市格局的形成并不是一蹴而就的,单纯依靠政府政策引导很难有效、快速地解决问题。多中心城市格局的形成,除了政府规划与政策引导,还需具体事务推进。费朗索瓦·佩鲁的"增长极理论"认为,城市经济发展需要少数条件较好的地区或产业带动,通过其扩散效应促进城市的整体发展。体育综合体并不是孤立存在的单体建筑,其自身能够与周边产业相融合,形成完整的产业生态系统,与城市交通等基础设施系统紧密结合,能有效推动场馆周边区域交通系统搭建、公共设施体系完善、住宅及能源供应增加、自然环境优化。因此,对体育综合体进行有序空间布局,能够发挥其扩散带动效应,促进城市空间结构优化,推动多中心城市发展格局的形成。

② 城市发展格局形成,促进资源要素的有序流动

"多核心理论"认为,大城市发展不应仅围绕一个核心,而是应当围绕多个核心并在此基础上形成不同的城市功能区,如中心商业区、批发商业区、轻工业区、重工业区、住宅区和近郊区。多中心城市发展格局可以调整城市各个区域的空间密度和空间布局,改变城市形态,促进城市整体的和谐发展。体育综合体根据城市发展需要进行布局,能够吸引区域内的人财物等资源要素进行集聚。在这一发展变化过程中,城市不再仅仅围绕一个中心向外拓展,而是围绕多个中心同时发展。长远来看,这有利于放缓老城市中心内部聚集资源要素的数量增长增速,推动城市经济、社会活动逐步向新的发展中心移动。

如果将城市中心看成城市发展的一个点,将分布在城市中心周围的各个企业相连接,能够形成城市发展的不同产业链;再将城市中心点与不同产业链相连,就形成了城市发展的"点—链—网"。它的形成以城市空间结构为基础。各个城市中心的发展需要人、财、物、信息等资源的支撑,市场经济条件下各种资源要素在城市发展的"点—链—网"范围内进行流动,实现资源要素的有效配置。多中心的城市发展格局中,往往会将老城市中心与新城市中心进行比较,老城市中心高昂的地价和不断恶化的环境与城市新中心形成鲜明对比,加上政府对新区发展政策的引导,人流、物流、商流、信息流等资源要素不断向城市新中心汇集。尤其是引入体育综合体的城市新区,其周边良好的基础环境更容易引起资源要素的汇集,带动新区经济、社会的快速发展。广州天河区的发展与天河体育中心多年的发展密不可分,它不但推进了广州"东进"的空间发展战略,还通过"边界效应"推动

了体育综合体周边的发展，如地铁、快速路的修建，公共服务设施的配套等，吸引城市资源不断汇集于此，带动体育综合体周边旅游、商务、休闲娱乐的发展。从过去城市郊区的飞机场旧址，发展成为集公共服务、住宅小区、酒店商厦、交通枢纽、办公公寓、购物为一体的综合经济中心。

（3）城市资源要素有序流动推进体育及相关产业发展

产业波及理论认为，国民经济产业体系中，产业部门引起的变化按照不同的产业关联方式，引起与其直接相关的其他产业部门的变化；然后，导致与后者直接或者间接相关的其他产业部门的变化，以此传递乃至影响力逐渐消减。

① 资源要素有序流动，提高资源利用效率和效益

目前，我国正处于市场经济体制不断深化的关键时期。市场经济是以市场机制作用为基础配置经济资源的方式，资源要素配置受到市场约束，生产什么样的产品取决于市场需求，生产多少产品则取决于消费者的支付能力。体育综合体合理空间布局下，城市空间结构在整体上呈现出多中心发展特征，城市资源要素也随各城市中心发展需要，在"点—链—网"的范围内进行流动。从本质上看，这是利用了市场经济发展机制的优势，在激烈的竞争中对现有资源进行重新组织和调配，实现资源的合理配置，提高现有资源的利用深度和利用率，形成规模经济，提高经营效益。

将单中心城市发展模式下的城市资源利用方式及效果，与多中心城市发展格局下城市资源的利用方式及效果进行对比。不难发现，单中心城市发展模式下，城市资源要素紧密围绕一个圆心向外扩展分布，城市中心区往往超量地聚集资源要素，引发城市发展中的各种问题，不利于资源利用和城市发展。多中心城市发展格局下，城市资源要素不再是围绕一个圆心进行汇集，而是在不同城市之间通过竞争机制完成资源要素的配置，更有利于提高经营效益，促进产业发展。利用体育综合体空间资源优势，结合场馆周边文化特性，引进相关业态，打造特色功能区，是体育综合体服务业发展的重要辅助手段。其中，体育综合体空间资源是其最具优势的资源之一。通过拆除隔离带、增加休闲设施，使体育综合体运营与居民生活融为一体。同时，又结合体育综合体特性、消费者偏好和城市功能分区导向，改造余裕空间，引进酒店、办公和休闲娱乐功能业态，使体育综合体功能覆盖文化、体育、休闲等领域，形成独具特色的体育文化功能区。如北京工人体育场除经营运动项目外，依托多年的文化积淀，吸引文化创意业态入驻，打造国际体育、文化、创意生活首选目的地，形成集体育运动、文化创意、休闲娱乐、交流展示等功能于一体的文化创意产业功能区。功能区的建设是体育综合体文化影响力的体现，为体育综合体扩展运营内容、建设内容产业创造了条件。

② 要素利用效率提高，加速体育及相关产业发展

城市资源要素利用效率的提高，能够推动体育产业发展。体育综合体空间布局是其在城市一定区域里的空间分布特征，与周边的经济、社会结构有着密切联系。根据产业波及理论，体育综合体空间布局能够引发资源要素有序流动。首先，推动与体育综合体密切相关的体育本体产业发展，主要表现在体育竞赛表演业、体育技术培训业；其次，推动与体

育本体产业直接相关的其他产业的发展，主要体现在体育服装用品业、健身休闲业、体育中介服务业、其他体育服务业；最后，推动与体育本体产业间接相关的其他产业发展，如餐饮业、旅游业、会展业、娱乐业等。

体育综合体为满足体育赛事的需要，已经逐步发展成为包含室内体育馆、室外体育场、多功能训练馆等的综合性体育建筑集合体，如城市奥林匹克中心、体育公园等。体育综合体集聚为体育竞赛表演业、健身休闲业、体育用品业、体育中介服务业和体育技术培训业等产业的发展提供了便利。但并不是所有体育综合体都能够在资源合理配置下促进体育及相关产业的发展，它在一定程度上还受到周边自然条件、基础设施环境等影响，需要一系列的政策支持及相关配套设施的完善。2010年亚运会的举办，使得广州番禺亚运村附近的地价及房价不断攀升，促进了建筑及房地产业的发展。同时，亚运会刺激了体育器材、运动服装等体育用品的生产、消费和换代，并且激活了体育中介、体育人才培训、体育投资融资、体育物流集散、体育保险、体育休闲、体育旅游、体育文化交流、体育彩票等体育相关产业。

（4）体育及相关产业快速发展满足人们多样化需求

随着经济、社会发展水平的提高，城市居民物质文化等各种需求不断升级，人们日益增长的美好生活需要与城市不平衡、不充分发展之间的矛盾凸显，体育及相关产业的快速发展能够为人们需求的满足提供更为丰富的物质文化产品。

① 体育及相关产业的快速发展，丰富物质文化产品

体育及相关产业的快速发展，直接表现就是给人们提供了更为丰富的物质或者精神产品。一方面，体育综合体以城市规划为指导合理进行布局，优化城市发展的空间结构，有效配置城市发展的资源要素，加快促进体育产业及相关产业的发展，在不断的发展中满足城市居民的价值需求，有效解决了人民日益增长的美好生活需要与不平衡不充分发展之间的矛盾。

另一方面，体育产业是以体育资源为基础，以体育活动为载体，以向社会提供有关物质产品和服务为收入来源的各种经营性行业的总和。体育综合体一旦建成，便会带动所在区域竞赛表演业和体育培训业发展，为人们提供更为丰富的体育文化产品及体育活动场所。同时，在当今这个开放的经济系统下，任何一个经济活动都将与外界产生一定的联系，体育产业的发展对于其他产业产生的波及，也引发了体育及相关产业的同时发展，从而刺激了处于产业下游的不同行业、企业及部门不断生产相关的物质文化产品。

② 物质文化产品的丰富，满足人们多样化体育需求

随着社会的不断发展，人们的各种需求更加多样化，使得人们需求的有效满足更加困难。马斯洛的"需求层次论"认为，人的需求可以分为基本的生理需求、安全需求、归属与爱的需求、尊重需求和自我实现5个层次。时至今日，尽管人的需求在不断提高、不断变化，但不管是什么样的需求、什么层次的需求，其满足的最直接手段和方法便是生产力水平提高、物质文化产品丰富。

从体育本体产业发展看，蓬勃发展的体育竞赛表演业能够吸引更多的城市居民直接或

间接地观看体育比赛，感受竞技体育魅力，能够丰富人们的精神文化生活，实现物质文明和精神文明的共同发展。在其他方面，健身休闲业、体育用品业、体育中介服务业和体育培训业的快速发展，也为城市居民提供了更为丰富的体育产品服务，提高了老百姓参与体育活动的积极性，推动了人们身心的全面发展。同时，旅游业、会展业、娱乐业、酒店服务业的发展，也是满足城市居民多样物质文化需求的重要组成部分。比如，在鸟巢举办的"鸟巢文化体育盛典"及"鸟巢欢乐冰雪季"活动；水立方举办的中国电视剧飞天奖颁奖晚会等，都发挥了体育综合体的文化功能。广州亚运会场馆布局与广州各个社区联系紧密，在赛后利用过程中体育竞赛表演业及体育培训业也在不断发展，为周边市民提供了多样化、多元化的体育服务，并为市民提供了更多舒适的健身场所。除此之外，亚运场馆赛后利用也不断与广州的文化、体育、教育、娱乐等相结合，带动了相关产业的发展，也为城市注入了活力。

二、体育综合体的子系统功能

目前，国内一线城市已经建成了一些体育综合体，依据其呈现的面貌可以分为大型体育场馆型、社区文体中心型和特色旅游型体育综合体；依据其主导功能特征、提供的核心产品不同，可以分为不同的种类，见表3-1。综合以上分析，从业态出现的频数来看，如图3-1所示，最高的是健身培训；其次是竞赛表演；再次是展览与演艺；最后依次是休闲娱乐、商品零售、餐饮、图书、办公、教育培训等。

城市体育综合体类型、特征一览表　　　　表3-1

大型体育场馆	休闲娱乐型	以体育和娱乐休闲为核心要素，综合商业、会展、演出、酒店等多元业态	广州天河体育中心
	商务会展型	以体育商务、会展博览服务为核心，集办公、商场、展览、休闲、娱乐等多种业态为一体	杭州奥体博览城
	运动综合型	以提供各种运动项目服务和赛事为核心，涵盖酒店、商业、娱乐、餐饮、休闲等业态	南京五台山体育中心
社区型	公园型	以城市中心各类公园为依托，整合商业零售、休闲娱乐、公寓住宅等业态	扬州宋夹城
	文体中心型	以体育健身、文化娱乐、康复医疗和休闲为主营业务	苏州吴江区笠泽文体广场
特色旅游型	体育旅游度假型	区域特色资源与体育运动项目有机结合，涵盖体育健身、休闲、度假、酒店等业态	浙江平湖九龙山航空休闲度假区
	康体养生型	位于城市自然生态区，集健身、休闲娱乐、养生、商业、度假等业态于一体	天津团泊新城生态体育公园

从体育综合体的子系统功能来看，其主要功能内容包括以下三个方面：

1. 核心功能是体育服务

体育综合体作为一个聚合多元功能的系统，体育服务功能是其核心功能，也是基本功能。它是体育综合体必须表现且充分实现出来的功能特性，即满足居民体育消费、体育娱乐休闲、体育观赏服务的消费功能，涉及提供健身场所、提供竞赛场地、提供健身培训服务、提供运动康复、提供运动休闲娱乐场地等。作为核心功能或基本功能，体育服务涉及健身、竞赛表演、运动康复、健身培训、场地租赁、体质检测等业态，在体育综合体总经营业态中占比不能低于50%。

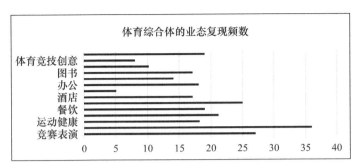

图 3-1　体育综合体的业态复现频数图

目前，国内体育综合体大致可分为以下七种类型：

一是运动综合体型。以提供各种运动项目服务和赛事为核心，涵盖酒店、商业、娱乐、餐饮、休闲等业态，如南京五台山体育中心。

二是体育休闲娱乐型。以体育与娱乐休闲为核心要素，综合商业、会展、演出、酒店等多元业态，如广州天河体育中心。

三是康体养生型。一般位于城市自然生态区，集健身、休闲娱乐、养生、商业、度假等多业态于一体，如天津团泊新城生态体育公园。

四是体育旅游度假型。体育与该区域特色旅游资源有机结合，整个项目覆盖体育健身、休闲、度假、酒店等多元业态，如浙江省平湖九龙山航空休闲度假区。

五是体育商务会展型。以体育商务、会展博览服务为核心，集办公、商场、展览、休闲、娱乐等多种业态为一体，如杭州奥体博览城。

六是体育公园型。以城市中心各类公园为依托。整合商业零售、休闲文娱、公寓住宅等多元业态，如扬州宋夹城体育公园。

七是文体中心型。以健身、休闲、娱乐为主营业务，如吴江区笠泽文体广场等。

从目前体育综合体的发展来看，基本上都是围绕体育服务实现全要素集聚和辅助设施高效配置，且各个业态之间具有相互渗透、相互支撑和互为价值链的能动关系。因此，体育综合体的核心功能是体育服务功能，这也是体育综合体区别于商业综合体、城市综合体的重要功能。

2. 配套功能包括商业、休闲娱乐及居住功能

配套功能也叫辅助功能，具有提高消费者的满意度、扩大服务范围的作用，主要包括提供商业零售场所、提供休闲娱乐服务、促进住宅开发、提供商务办公场所、提供餐饮场所及酒店住宿场所等。根据调查发现，我国体育综合体配套设施建设参差不齐，相当一部分的体育综合体难以达到配套功能要求，主要以餐饮、酒店、商业和办公等业态居多，仅占体育综合体总经营业态的 20% 左右，只有少数根据自身发展需求设置了酒吧、KTV、电影院等休闲业态。在体育综合体内部，各种不同的配套功能主要表现为：

① 商业功能。体育需要商业带来的衍生服务提高客户满意度，商业则需要体育的体验性、娱乐性聚集人气。如英国考文垂体育综合体在经过改造后，配套建设了一个英国最大的购物中心、一个办公区、一个地下博彩中心、一个多功能演唱厅及多家零售店和餐厅，为当地居民提供"吃喝玩乐购"的一站式服务。

② 休闲娱乐功能。是指穿插在体育综合体各个功能区之间供消费者休憩的场所，包括餐饮、电影院、剧场等。如杭州的体育博览城设有主题餐厅、酒吧、SPA、电影等休闲业态，不仅在不同功能区连接中起到"粘合剂"的作用，而且能丰富体育综合体的空间效果，增添体育综合体的功能层次。

③ 居住功能。大多以住宅或酒店的方式出现在体育综合体建筑之中或周围。如法国里尔综合体，通过可伸缩的顶棚将场馆与场馆有效衔接并复合成一个整体，并在体育综合体内配套建设了三星级酒店和二星级酒店各一座。通过设施互补，不仅实现内外兼容服务，还可以获得良好的经济效益。上海的"翔立方"体育综合体，在 3km 内辐射 85 个社区，在解决社区体育服务缺失问题的同时，形成了与房地产开发互为配套的关系。

3. 延伸功能包括文化、科技、旅游及应急功能

延伸功能又叫拓展功能，是在保证核心功能得以实现的前提下而布局的相关功能，主要包括体育用品销售、文化或教育培训、休闲养生、展览与演艺等服务业态，一般占体育综合体总经营业态的 25% 左右。主要功能表现包括：

① 文化功能。通过提供图书阅览、声像资料、文化展览、演艺等服务和内容，支持地方文化发展。如苏州吴江区笠泽文体广场，自 2015 年 12 月建成并向社会开放后，举办了各种文化演艺、公司文化活动、群众文体活动。

② 旅游功能。旅游可以通过多种方式融入体育综合体，如济南奥林匹克中心、北京鸟巢文化中心等，都是通过该地区的自然景观和人文景观为当地居民及游客提供休闲、娱乐、观光等服务。

③ 科技功能。展示体育项目，销售体育产品。如北京五棵松体育馆打造"互联网＋场馆"，以数字化产品使客户与场馆的接触去中介化，使体育产品与体育服务更便捷、更丰富，场馆运营更有效。

④ 应急功能。随着经济的迅速发展，城市化进程加快，自然生态环境遭到了严重破坏，人类遭受地震、洪水、台风、瘟疫等自然灾害的频率也逐渐增加。当灾难发生时人们如何逃生、如何避难，成了时代必须面对和解决的难题。于是，将现代大型体育场馆作为一个城市的中心紧急避难场所，也是体育综合体的功能之一。如武汉体育中心，在新冠肺炎疫情防控期间作为方舱医院，为武汉市的新冠肺炎疫情防控工作发挥了重要作用。

因此，发展体育综合体"既要立足体育干体育，也要跳出体育兴体育"，加强体育与文化、旅游、科技等行业的跨界融合，充分运用市场手段整合配置包括体育在内的多种资源，使体育与其他产业之间相互反哺和不断融合，延伸产业链条，扩大体育消费人口。

第二节　体育综合体功能定位的基本原则

1. 体育服务多元化

体育综合体最大的优势就是它可以满足绝大多数人的健身、休闲、购物、学习需求，每个人都能在体育综合体找到自己需要的服务项目。有了人的全方位、全天候、无缝隙的参与，体育综合体不再是冷冰冰的现代化建筑，而是一个生动活泼、丰富多彩的体育健身休闲城。因此，体育综合体在功能定位时需要配置多元化的体育服务项目。以苏州奥体中心为例，它拥有高标准的全民健身场地设施，总面积近10万平方米，涵盖苏州市民经常参与的所有体育项目。其中，室内项目设施包括游泳、足球、篮球、网球、乒乓球、羽毛球、壁球、台球、滑冰和攀岩等；室外项目设施包括足球、篮球、网球、门球、棒球、慢跑道、儿童游乐、自行车道和全民健身路径等。虽然各类体育健身项目场地设施标准千差万别，不可能在一个体育综合体囊括所有的健身项目，但如果一个体育综合体在功能上能拥有满足周边大多数市民日常喜爱、参与最多的场地、设施，那么这个综合体就是成功的。

2. 空间利用集约化

体育综合体的功能定位必须遵循城市空间规划的要求，在有限的土地上建设打造丰富的功能业态，使其能够立体化、纵向化地发展。随着生产技术的进步，越来越多的新技术、新材料运用到了综合体建筑中，新技术与新材料的融合又使得建筑体进一步突破了原有的空间限制，使体育综合体的功能定位在空间上更自由。如坐落在上海浦东世博大道的梅塞德斯-奔驰文化中心，以赛事观赏为主要功能，其主场馆内部可在三面看台和全景看台之间迅速切换，有着极高的观赛体验；体育馆地面的变换可以满足篮球、冰上运动、展览演出、企业聚会等多项功能；场馆纵向的"帽"形设计将酒店、餐饮、休闲娱乐等业态布局其中，很好地实现了场馆空间的集约化利用。

3. 参与人群广泛化

体育综合体之所以强调项目内容多元化，目的是希望带来更广泛、更多元的参与人群，最大限度地满足不同年龄段、不同阶层、不同行业的群体。对于一个体育综合体来说，最忌讳被贴上某些特定人群活动场所的标签。

如湖南五环体育实业发展集团有限公司在湖南省内投资建设的县域全民健身中心和城市社区体育中心，项目功能定位坚持"以人民为中心，为人民办体育"的价值导向，建设老百姓身边的城市体育服务综合体和体育社交平台，并展老百姓喜爱的体育运动项目，如篮球、羽毛球、游泳等，整合幼儿教育、健康管理、文化、商业、休闲等要素，形成了一个"体育场馆＋赛事""体育场馆＋培训""体育场馆＋健身""体育场馆＋幼教""体育场馆＋休闲""体育场馆＋娱乐""体育场馆＋商业"全产业链的体育场馆产业生态圈。受众群体覆盖了从幼儿到老年的各个年龄段人群，为群众提供全生命周期的健康管理。对于不同消费习惯的健身人群，场馆可以提供多元化的健身服务。普通健身者，可以选择免费开放的室外公共区域，24小时全天候可自由出入；追求健身服务的中高端消费者，可以提供专业的健身服务和各类体育培训。

4. 运营模式生活化

一直以来，绝大部分体育场馆都是为运动训练和运动竞赛而设计，以大众体育消费为主旨的场馆所占比例较低。体育综合体则完全回归"以人民为中心"的发展理念，在满足运动训练和运动竞赛需求的基础之上，更倾向于加大大众体育场馆的开发运营，以满足人民群众日益增长的大众健身需求。

因此，对于依托大型体育场馆而开发的体育综合体而言，其功能定位坚持生活化的运营模式就成了一条必由之路，不但可以增强体育综合体的客户黏性，而且对提升综合体的可持续发展能力具有深远的意义。如苏州奥体中心利用会员体系，将中心内的所有载体全部串联打通，将商家、合作机构都引入进来。健身者在这里除了感受到便利外，还可以享受到种种优惠和权益，促进了场馆构筑形成"5小时生活圈"。

此外，从国内现有运营的诸多种类的体育综合体来看，它们在运营中大多会经常推出一些演艺、竞赛和市民参与的健身活动，这些活动的资讯通过公众媒介推送，让百姓逐渐习惯这样一种生活方式：在周末或者空闲时间，来体育综合体总能找到自己想做的事情。

第三节 体育综合体功能定位的影响因素

1. 社会因素

社会环境是城市生存发展的基础。它参与体育综合体开发建设的整个过程，并通过社会理想、社会干预和社会文化等因素影响其功能定位。社会理想主要体现在城市发展战略及城市规划指导思想方面。它从社会背景出发，对体育综合体的整体功能定位起到提纲挈领的作用。社会干预是通过决策者和参与者的决策与实施过程，对体育综合体功能定位产生影响，其干预效果往往具有正反两个方面。当干预方式得当时，功能定位的选择能够满足市场和体育综合体自身发展的需要，社会干预的效果就会是积极的；否则，将会产生消极影响。文化因素特别是地方特色文化，对功能定位的影响主要体现在特色功能的选择和形象塑造上。如果忽略了城市文化底蕴，体育综合体将走向千篇一律而失去其应有的文化价值。同时，地方风俗习惯、居民的文化观念也是体育综合体功能定位时必须参考的因素。

2. 经济因素

多元的产业参与和雄厚的经济实力是体育综合体开发的物质保障。城市经济发展状况对体育综合体功能定位的影响主要反映在第三产业发展水平方面，尤其是它推动了商业形态演进过程的三次升级，见表3-2。

商业形态的升级演进 表3-2

人均GDP（美元）	商业形态	具体内容
< 1100	原始商业	农业时代的庙会、地摊、集贸市场
1100～2000	传统商业	百货商场、商业街、批发市场等
2000～4400	现代商业	大型购物中心、超市、专卖店、精品店
> 4400	广义商业	Shopping Mall、旅游地产、商务地产、物流等综合商业

在人均 GDP 低于 1100 美元且城市化率不足 25% 时，商业形态处于和农业经济相匹配的原始状态，主要包括农业时代的庙会、地摊、集贸市场等内容；当人均 GDP 为1100～2000 美元且城市化率不足 45% 时，商业形态实现第一次升级，由原始商业形态发展为以百货商场、商业街、批发市场为主的传统商业；而当人均 GDP 达到 2000～4400美元之间时，商业形态实现第二次升级并产生质的飞跃，这一阶段就会出现诸如大型购物中心、超市、专卖店、精品店等具有多样化、规模化特征的现代商业；当人均 GDP 突破 4400 美元且城市化率超过 70% 以后，商业形态实现第三次升级，将涌现出一系列综合商业形态，这些新型综合商业形态，如 Shopping Mall、体育地产、旅游地产、商务地产、物流地产等，多以配置区域市场资源为目的。其内涵已经超越了传统的商业范畴，可以说是一种广义的商业。

商业形态不断升级使城市的商业氛围越来越浓厚，丰富了服务类型并拉动了消费服务需求，充分发挥体育综合体作为城市综合体的商业价值。同时，配套商业、休闲功能的高效运行又会促进体育综合体内部各项功能与体育服务功能的协同发展。总之，经济因素对商业形态发展的推动决定了体育综合体的功能定位，必须顺应现代商业经济转型升级和体育产业发展的要求。

3. 政策因素

政策因素是体育综合体开发的基本保障，它对体育综合体功能定位的影响具有正负两面性。恰当的政策干预有利于体育综合体功能的准确定位，规划用地性质"商业用地"中的"文化体育服务用地"为体育综合体的开发提供了基本的用地供给，容积率、建筑密度、绿地率等控制性指标使体育综合体的功能定位更具有社会效益、经济效益和环境效益。同时，通过政策的约束力可以保证体育综合体的公共职能得到保障，从而增强体育综合体的观众吸引力和社会影响力；相反，政策缺失或政策支持不当也会对体育综合体功能定位产生消极的影响。当然，政府过度重视体育综合体的名片作用，也会导致对城市未来市场容量、区域资源条件、消费水平等因素考虑不足，偏离市场规律的政策干预将导致体育综合体开发的失败。

4. 区位因素

区位因素主要指体育综合体选址所在区域的自身条件，其优劣状况是体育综合体能否成功开发的先决条件。区位条件作为体育综合体实现其功能正常运作的物质基础，直接关系着体育综合体的功能定位模式及价值实现，其影响主要表现在交通条件和区域价值属性两个方面。

一方面，体育综合体除体育功能以外，还兼容商业、休闲、办公、酒店和住宅等功能，交通设施的完善程度直接影响到其功能的选择和组合。与城市路网的无缝连接是保证体育综合体与城市紧密联系的纽带，确保体育综合体内外部区域之间的人流、物流及交通流畅通无阻。此外，区域内所安排的交通方式越丰富，其可达性和市场吸引力越强，可以给体育综合体的各项功能带来更多的人流和物流，将源源不断的消费群体引入到各功能空间中，最终实现资源利用最大化的目的；另一方面，城市发展的空间实力不均衡造成不同区域内经济发展水平、产业结构及社会特征的差异化，也将以区域价值属性的形式影响体育综合体的功能定位。如中心城区，硬件设施完善、产业发展成熟，人口聚集形成的巨大消费能力，可以为体育综合体的发展提供多元化的支撑力。但是，中心城区交通拥挤，对于体育综合体举办大型赛事活动必须实现人流的即时聚集、即时疏散的要求很难满足。如城市新区，地价低廉、政策优惠、交通顺畅、发展空间宽裕，对体育综合体开发很具有吸引力。但是，新区消费动力不足、产业单一，也决定了体育综合体在将体育作为核心功能之外，还必须布局更多其他相关功能，共同带动体育综合体的发展。

5. 市场因素

在市场经济的大环境下，体育综合体的开发必然将受到市场要素的影响，尤其是在功能定位过程中更需要考虑成本与收益。市场因素对体育综合体功能定位的作用主要反映在市场供求关系、市场指标和市场竞争三个方面。

首先，体育综合体的发展本身就是市场需求引导的结果。对于大中城市而言，基本上都建设了大型体育中心。为了盘活存量体育资产，城市管理者和体育场馆运营商都将目光转向了体育综合体。对于已建成的大型体育中心，通过"体育场馆＋"的方式，在体育核心功能的基础上融合发展商业、休闲、办公、酒店、住宅等多种功能，将大型体育场馆改造成为体育综合体；对于新建体育综合体，在项目前期概念设计阶段就要充分考虑多功能多业态综合安排，为项目建成以后更好地满足市场需求做好统筹布局。

其次，体育综合体内部各项功能具有不同的盈利能力及市场供求关系，所以各项功能的合理选择和搭配也是合理定位的基础。

最后，在进行体育综合体内部功能定位时，还要充分考虑其辐射范围内相似功能项目的市场运行情况，以避免竞争关系对体育综合体的市场效益造成冲击。

第四节　体育综合体功能定位的主要方法

一、整体功能定位的方法

体育综合体整体功能定位的主要方法如表3-3所示。

体育综合体整体功能定位的方法　　　　　　　　表 3-3

定位的阶段		研究内容	理论和方法	定位结论
城市分析	城市结构分析	多中心城市与单中心城市	哈里斯和乌尔曼的多核模式、梯级城市法、市场调查法、管道分析法	城市对项目的支持和限制、项目发展的可行性
	城市社会经济发展分析	城市的经济、产业、基础设施等		
区域分析	区域地位分析	区域在城市中心的地位	中心地理论、墨菲法则、区域比较分析法、区域价值分析法	区域核心价值、项目核心价值、项目初步定位
	区域价值分析	区域属性、区域的归属类属性、区域最有价值的业态		
项目分析	项目物理条件	项目条件分析、项目在区域中的地位	SWOT 分析法	
	成功案例借鉴	研究类似条件下的成功项目，已获得启发	对比分析	修正定位
	开发商能力分析	自身的开发能力、资金能力、招商能力、运营管理能力	SWOT 分析法	确定定位

二、子系统功能定位的方法

1. 核心功能——体育服务的定位方法

（1）基于功能本身定位

体育综合体作为一个聚合多元功能的系统，通过围绕核心功能实现体育服务全要素集聚和辅助设施高效配置。也就是说，在功能定位上是以体育功能为核心，进行科学化的功能定位。根据目前体育综合体的发展来看，无论是大型体育场馆型综合体、社区文体中心型综合体还是特色资源型综合体，其配套功能与延伸功能都是围绕核心功能进行相应调整。如前文所述，体育综合体的配套功能与核心功能之间具有相互渗透、相互支撑和互为价值链的能动关系，而不是"体育搭台，超市唱戏""体育搭台，文娱唱戏""体育搭台，酒店唱戏"等简单组合搭配的方式，使体育综合体脱离了本源。

（2）基于资源条件定位

体育综合体功能定位必须以一定的资源禀赋为基础，只有因地制宜地发展体育综合体，才能充分利用地区资源、降低成本，实现资源优化配置，达到整体最优。具体来说，从盘活现有设施资源来看，整合现有场馆和附属设施资源，并根据场馆的区位优势和自身条件进行综合体功能定位。如南京五台山体育中心，是以健身、竞赛为主体功能建设的运动综合体型综合体。从自然资源来看，依托优良的生态环境、优美的生态景观及人文景观等特色自然资源，发展体育休闲、康体养生、体育旅游等进行功能定位。如成都温江的金马体育城体育旅游综合体，依托金马河生态景观廊道等区域优越生态资源和深厚文化资源，以国际赛马为切入点，涵盖竞技、旅游、休闲、度假、娱乐等功能于一体的体育旅游综合体。体育综合体的功能定位不是简单的复制模仿，而是结合自身的资源条件进行精准定位。

（3）基于区域发展状况定位

科学分析城市经济发展、消费水平、产业基础等区域发展外部环境及其动态变化，是体育综合体作出准确功能定位的条件。

首先，体育综合体功能定位时，须全面、客观地评估区域内经济条件，因为体育运动设施改造或修建体育场馆、商业休闲等相关辅助设施，需要大量资金的投入。经济发展往往成为成功建设、功能实现的基础。

其次，区域经济发展水平也决定消费水平与人口规模，在功能定位过程中应以实际消费能力、人口规模、辐射范围为体育综合体策划依据，用科学的数据分析和策划报审，充分识别消费者的多样化需求，避免所设置的功能与市场消费需求"脱节"。如上海翔立方体育综合体，项目开发时就立足于"两个80%的定位"，综合体内适合该区域80%的商家入驻，其项目消费人群达到80%。当然，区域内产业发展状况也是体育综合体功能定位的重要考虑重点，如该地域以旅游产业为主导，那么体育综合体的功能定位应侧重在体育旅游观光功能上，同时对其核心功能与配套功能进行相应调整。

（4）基于城市文化定位

体育综合体的功能定位过程中城市文化是不可缺少的重要因素。文化可以是名胜古迹或是景色宜人的美景，亦可以是不同风俗、艺术、信仰的人文文化，因而不同城市具有无法复制的文化特色。体育综合体和城市文化不断调整与优化自身的功能定位，力求与城市发展相契合，才能使体育综合体成为耀眼的城市名片。如位于镇江市南徐新城区中部蛋山地块的会展中心综合体，其内形成了南徐新城区体育文化、旅游文化、休闲文化与商业文化等多个轴线相结合的汇聚点，其外形成了城市良好的形象展示面。同样，位于北京二环和三环之间的北京工人体育中心，已发展成为集体育、竞赛、电影、购物、图书等一体的体育休闲综合体，与其周围的酒吧、夜场、时尚消费环境等形成了文化关联。体育综合体要突出场馆的综合开发利用与城市文化发展目标的完美结合，因而其功能要结合城市文化、习俗，才能真正实现场馆再造与城市、经济、文化内涵的融合。

2. 其他功能的定位方法

（1）商务写字楼市场需求预测：对写字楼的市场需求进行预测主要有两种方法：一种是预测每位职员需要占用的办公面积，则某段时间内写字楼市场需求＝某段时间内办公室职位的增加数量×每位职员需要占用的办公面积；另一种是采用租赁活动和市场吸收量来进行预测。这两种方法均存在一些不足，所以在具体预测中要将两者相结合，才能得到较为合理的结果。

（2）商业市场需求预测：零售业是商业中的核心组成部分，所以商业规模主要通过"零售业体量分析模型"进行预测。具体步骤包括：常住人口统计、主要商业营业面积统计、零售业饱和度分析、规模模型的建立与计算、运用零售引力模型计算竞争环境下的规模、规模区间及最终规模确定。

（3）酒店合理开发规模预测：由于酒店的服务对象主要包括旅游者和商务人士，所以体育综合体的功能定位运用每年的游客数量来进行酒店合理开发规模的预测。具体预测公式为：合理开发规模（间）＝预估需求房间数／入住率－现有房间。预估需求房间数的计算公式为：$E = N \times P \times L / (T \times K)$，其中 E 为酒店的床位数，N 为全年游客人数，P 为住宿游人比例，L 为平均住宿天数，T 为全年可游览天数，K 为床位利用率。

（4）除了以上的一些市场预测方法外，体育综合体的商务办公、商业、酒店功能的定位还有很多其他的方法，见表3-4。

体育综合体的其他主要功能定位　　　　　　　　　　　　　表3-4

子物业市场分析	市场调查法
	管道分析法
	量表法
商业物业规模	零售饱和度理论
	商业评效计算法
商务物业规模	墨菲法则
	物业分流能力指数
酒店物业规模	溶透分析法
	星级酒店标准规模数据
整体配比	互动关系分析
	经济效益预测评价
	子物业经济效益敏感性分析

3. 功能组合模式的选择方法

体育综合体内部功能的组合模式关系到后期的运行效率，所以需要全面分析功能定位的影响因素，运用科学的评价方法选取最优的功能组合比例。目前，比较常用的方法是层次分析法和模糊评价法。为了避免单一方法所产生的局限性，往往要结合各自的优点综合运用这两种进行评价。其中，层次分析法用于计算评价体系中各指标的权重值；而模糊评价法则用于评定模糊指标，最后通过加权综合型算法合成权重与模糊矩阵，进而得出不同功能组合模式的评价值。

第四章　体育综合体的业态布局

体育综合体之所以能产生复合价值，其根源是内部各个不同功能业态的协同与相互支持。很多功能业态之间都可以产生明显的直接协同作用。比如，体育综合体可举办商务会展和演出活动，这些活动又带来更多消费者；前来观赏赛事的消费者、周边住宅公寓的住户会对体育综合体商圈中的购物中心、餐饮娱乐带来可观的消费。这些具备直接协同作用的各功能子系统通过交通流线的优化、空间的合理布局发挥其支持作用。当然，各子系统之间的协同效果还取决于各功能业态的合理比例。基于"金字塔"理论模型，如图 4-1 所示，以可开发的体育场馆设施资源为基础，综合考量地理、经济、政策、人文环境等因素，将体育综合体划为三个层次。现有的体育场馆设施资源在很大程度上，决定了可开发体育综合体的核心体育服务业态及衍生功能业态。

图 4-1　"金字塔"理论模型

第一节　体育综合体的业态分析

综合体区别于其他建筑的主要特征在于，它拥有多种不同的功能，各功能模块又对应着相应的业态。综合体通过业态之间的相互作用、相互促进，实现更好的综合效益。但综合体各业态之间的协同作用强度并不相同，有些业态之间甚至会相互排斥，阻碍综合体的发展。因此，合理进行业态选择和业态布局，是体育综合体后期运营成功的关键。故而，在体育综合体的业态布局中，必须注意业态之间关系的研究。本书通过对有关调研成果的研究分析，归纳出体育综合体拥有的业态分布，见表 4-1。

体育综合体业态分布表

表 4-1

功能	业态	举例
核心功能	竞赛表演	CBA、中超、企业赛事、群众运动会、校园运动会等
	休闲健身与培训	各种体育技能教学、体育业务培训

功能	业态	举例
配套功能	健身与康复	运动处方设计、功能性训练
	商品零售	体育用品销售、便利店、购物中心等
	餐饮	儿童饮料、健康饮食等
	休闲娱乐	KTV、剧院、酒吧、SPA 等
	酒店	运动员住宿、星级酒店等
	住宅	社区开发
延伸功能	展览与演艺	演唱会、车展等
	办公	商务洽谈区、写字楼等
	科技与教育	航模设计、少儿学习培训机构等
	文化	图书、戏剧、舞蹈培训等
	旅游	体育旅游等
	养生	茶艺、健康护理等
	创意	体育策划、体育科技服务等
	传媒	电视传媒、报纸、杂志等

第二节　体育综合体业态布局的基本原则

1. 聚焦主业

体育服务类业态是体育综合体的核心业态，是体育综合体区别于其他综合体的重要标志。体育服务类业态要发挥项目所在地区域资源的优势，以竞赛表演、健身休闲等业态为主。体育服务类业态在项目所有业态中的占比普遍在 50%～70% 之间，这是体育综合体运营商的普遍共识。体育服务类的业态占比在 50% 以上，才能确保体育综合体性质不发生改变。体育服务还有公益性要求，如果体育服务类业态占比太少，受其他商业业态的冲击，体育服务类的项目可能会难以发展，无法满足消费者的体育消费需求，导致体育综合体的公众形象受到影响。

2. 合理分区

把复杂的体育综合体功能进行分解归类，做到分区明确，达到易于消费者识别和方便引导的目的。

（1）按动静性质分区

体育综合体内不同业态类型对环境气氛的要求或者说影响是完全不同的，所以在业态布局的时候宜实行动静分区，避免冲突干扰。所谓动，就是那些追求活力和动感的运动、娱乐的业态，如体育赛事活动、文艺表演活动、体育培训、体育健身、电玩、歌舞厅、酒吧和 KTV 等；所谓静，就是追求舒适、安静和优雅气氛的办公、休闲及餐饮等。

（2）按管理要求分区

业态的经营时间不同是更为客观的分区要求：有些业态的营业时间主要在晚上，如大型赛事活动、演唱会和酒吧；有些业态的营业时间主要在白天，如超市、餐饮等；有的开门较早，如超市；有些关门较晚，甚至24小时营业，如餐饮、娱乐等。因而管理要求相对集中，最好设置独立的进出场流线。

3. 业态协同

我们可以将体育综合体的各种业态视为一个生态群落，业态布局时，要尽量选择与体育服务业态协同作用强的其他业态，避免选择与体育服务业态相排斥的其他业态。尽力创造多种业态共生的条件，从而促进各业态的消费，使体育综合体这个业态群落繁荣生长。

（1）尽量选择与体育服务业态协同作用强的其他业态。体育综合体业态之间协同效应是存在差异的，一些业态之间是直接联动，协同效应强；另一些业态之间可能是间接联动，协同效应就会减弱。是否与体育服务类业态直接联动，主要要看协同业态是否属于核心业态消费者的必要需求。一般而言，体育服务消费人群普遍对文化服务、娱乐服务、健康服务和体育用品等会有刚性需求，此类业态可以作为体育综合体其他业态的优先选择。间接联动业态之间协同效应相对较弱，在选择时需要慎重考虑其协同效应是否具备推动体育综合体发展的正能量。以体育赛事为导向的体育综合体，外地观看赛事的人流量较大，同时还要满足运动员的住宿需求。虽然酒店业与核心体育服务类业态属于间接联动，但体育赛事导向型体育综合体一般均配备一定数量的酒店设施，这是由市场需求所决定的。而全民健身导向型的体育综合体的核心消费者基本都是周边的居民，他们对酒店的消费需求就不属于刚性需求，所以一般选择不配套酒店等设施。

（2）避免选择与体育服务业态相排斥的其他业态。有些业态与体育综合体的体育服务业态是相排斥的，这些业态会影响体育综合体的整体环境氛围和功能发挥，在体育综合体业态布局时必须杜绝出现。比如酒吧，就不适宜在以"养老康复"为导向的体育综合体内布局，但却是以体育赛事为导向的体育综合体很好的业态，是广大球迷聚会的重要场所。

第三节　体育综合体业态布局的影响因素

随着科学技术的进步，新技术、新工艺使体育综合体在功能业态布局方面，可以更好地突破经济技术条件的制约，甚至改变功能业态之间的协同强度；同时，对体育综合体给消费者的消费体验也提出了更高要求。

1. 体育综合体将普遍提供基础医疗健康服务

虽然体育综合体依托不同的资源开发，以各自拥有的核心体育服务为基础在业态布局上展现出巨大的差异，但"以体为本"是所有体育综合体共同的开发宗旨。2016年，《"健康中国2030"规划纲要》指出，要通过广泛开展全民健身运动，加强体医融合和非医疗健康干预，促进重点人群体育活动等方式提高全民身体素质。在以往，体育与医疗的关系并不紧密，社会资源结合程度不高，从业人员缺乏交流。从顶层设计来看，体育与医疗被视为两个完全不相干的行业。"体医结合"思路的提出让体育服务和医疗服务相互融合渗透，共同促进发展。随着全民健身运动的广泛开展，越来越多的人以"健康"为集合点，渐渐意识到了体育和医疗的紧密关系，"未雨绸缪""治未病"的健康理念深入人心。

体育综合体作为提供体育服务的重要载体，加入医疗健康服务是"健康"理念的直观体现，与体育功能的协同效应会进一步增强。综合体提供的医疗健康服务还可以减轻医院的压力，为居民的医疗健康提供更多选择，强化体育综合体在城市发展中的作用。在很多体育综合体的案例中也可以发现，大部分体育综合体都具备提供基础医疗健康服务的能力。在一些体育综合体的运营中，甚至将其作为营销宣传的核心。例如，湖南五环体育实业发展集团有限公司开发的县域全民健身中心和城市社区体育中心，每个中心都设有医疗健康服务室，提供体脂检测、心肺功能检测、关节肌肉能力检测等服务，为中心的会员进行专业的运动体检并出具相应的"运动处方"。此外，还对会员的健康数据进行周期性更新，对运动处方不断进行调整，而且各中心之间实现会员健康数据共享，享受统一标准的基础医疗健康服务。

虽然体育综合体可以配备一定的医疗健康服务业态，但毕竟体育不等于医疗，所提供的医疗健康服务一定要与体育健身活动本身相关。目前而言，"体医结合"项目的发展主要集中四个方面：身体健康情况检查、运动处方设计、居民体质健康监测和运动损伤处理与急救，见图4-2。

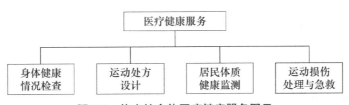

图4-2　体育综合体医疗健康服务图示

2. "互联网＋体育综合体"促进功能业态扩充

"互联网＋"对各产业的全方位介入已经使消费者行为产生了新的特征，挖掘"互联网＋"时代消费的特征对体育综合体的运营具有深刻的意义。从供给侧看，"互联网＋体育综合体"可以使体育综合体的运营更加智能化和信息化，让原本利用率不高的体育资源得到进一步释放，让体育综合体在线上线下平台对接过程中派生出了更多的附加价值和创新性服务。研究发现，当前体育综合体都在着手以互联网为基础打造产业生态链。从消费侧看，互联网的发展对消费的每个环节都产生了很大的影响。"互联网＋体育综合体"正在不断拓宽体育综合体的消费空间，通过体育服务与科技、医疗和教育的融合，改变消费者对传统体育的认知，推动体育消费市场的发展，促进体育场地设施向体育综合体的转型发展。例如，智慧场馆的复合化空间可以在云端存贮精确的运动数据、比赛数据、居民体质健康数据等，为国家制定体育产业目标、把握体育产业发展方向、统筹体育产业资金、人才管理、完善全民健身战略体系提供有力支撑。从微观层面看，大数据平台可为体育综合体运营企业提供不可估量的商业价值。企业通过对海量数据进行系统分析，实施精准营销。所以，云服务使体育综合体提供的服务不仅限于综合体范围内。

"互联网＋体育综合体"的概念为体育综合体的开发和业态布局提供了全新的思路，通过构建全方位全产业链的产业生态系统，促进体育综合体的跨界融合发展，形成多维的内容平台。在"赛事运营＋内容平台＋智能化＋增值服务"的全产业链体育生态圈中，"互联网＋体育综合体"是整个生态链的基石，其影响范围将大大超出普通体育场馆。这种范围的扩展将使体育服务不仅限于实际空间，更多地存在于网络虚拟空间。这里提出的"内容平台"即是对体育综合体与大数据加持后体育场馆的新形态，形态的升级意味着功能业态将变得更强大。

3. 科技发展对体育综合体的功能业态品质提出了更高要求

在现代化生产中，科技对物质生产的主导作用和超前作用，随着"科学→技术→生产"顺序过程而不断表现出来。比如，美国硅谷的里维斯球场是世界上最智慧化的体育场馆，或者说是最富科技感的场馆。运营商还推出了一款面向智能手机和平板电脑的应用软件，实现消费行为线上、线下的联动。可以说，科技服务的全面落实让科技的乘法效应发挥到了极致。科学技术的进步为体育资源的发展提供了源动力，例如电子竞技便是具备时代特色的新兴体育资源，与其相关的竞赛表演和培训发展迅猛。据统计，2017 年在北京鸟巢举办的英雄联盟全球总决赛的单场观赛人数超过 3000 万，这个数字甚至超越了 NBA 总决赛的观赛人数。与此相应，此类赛事举办，场地设施、现场观赛效果、转播服务较传统体育赛事也有着更高的要求。江苏省太仓体育电竞小镇在开发初期缺乏经验，建筑主体的功能无法满足赛事的观赛条件使其发展受到了阻碍。因此，在对体育综合体进行开发时必须明确开发定位，把握科技潮流，使功能业态更具前瞻性。

第四节 体育综合体业态布局的主要方法

根据"金字塔"理论和我们长期从事体育场馆设施开发建设的实践经验，本书主要选择以下四种典型体育综合体进行业态布局方法研究。

1. 体育赛事导向型

对于一座现代化城市来说，能举办大型体育赛事的体育场馆是重要的公共建筑，是开展公共体育服务、发展体育产业的重要物质基础。它对完善城市功能、拉动体育消费和改善民生具有重要作用。2018 年国家体育总局指出，场馆运营要在全国推行"两改"：一是对场馆功能进行改造升级，让大型体育场馆具备配套的全民健身功能；二是要对场馆管理体制进行优化，政府放开资源，将场馆运营管理交给市场运作，带动竞赛表演业的发展。以大型体育场馆为基础，以竞赛表演业为核心业态的体育综合体成为我国开发赛事导向型体育综合体的重中之重。

大型体育场馆一般由古罗马圆形竞技场形态发展而来，其中央为主场地，四周呈纵向立体式布局。在其内部中心为竞技表演的主要区域，有观众座席、包厢、电子液晶屏等部分构成。贴近内场的空间包括训练、会议、急救等与竞赛表演相关的功能性用房。场馆的外部多采用纵向贯穿式的分层设计，零售、餐饮、酒店等多个业态填充其中，以全方位地满足消费者的休闲娱乐需求。该类体育综合体既可以呈单一式又可以呈群落式，在交通方面一般位于城市的重要交通枢纽或核心 CBD 区域。在实际调研中发现，即使单一的体育综合体建筑无法提供消费者所需要的全部功能，其建筑选址也多位于城市整体经济发达且文化氛围浓厚的区域。场馆与周边建筑的配套设施相互补充，易于形成联动效应。

（1）典型案例

江苏镇江市体育会展中心是由镇江市政府投资兴建的大型体育场馆，总用地面积约 690 亩，总建筑面积 17.8 万平方米，总投资约 23 亿元。建设内容包括体育综合训练馆、主体育场、体育会展馆和体育公园。项目建成投入使用以后，重点围绕落实国家全民健身战略、着力发展本体产业、丰富内容供给、创新体制机制打造体育综合体，初步探索形成了体育综合体开发运营"1 + X + Y"的创新机制。

（2）业态布局分析（图 4-3）

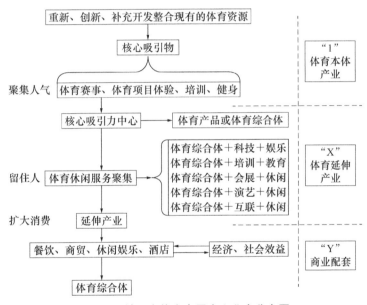

图 4-3　镇江市体育会展中心业态分布图

图 4-3 中，"1"是指专注体育本体产业，包括全民健身服务、大型体育赛事活动、群体活动等；"X"是指与体育相关联的内容再造，是根据丰富市场供给、促进融合发展的任务而设立的体育服务项目；"Y"是指贯彻创新体制机制，培育多元主体而采用的多种商业模式。

1）"1"：以体为本，在"聚人气，扩影响"中求效益的核心业态。

江苏镇江市体育会展中心面向体育消费市场需求，通过创新、整合核心体育资源，打造具有一个独特体育场馆吸引物聚集人气。一是大型体育赛事表演，2015 年 CBA 男子篮球职业联赛江苏肯帝亚队新赛季主场赛事落户体育会展中心；二是草根赛事，体育会展中心每年举办全民健身达人秀、千台万人乒乓赛等众多群众体育赛事；三是创新改革体育体验项目、培训项目和比赛项目，如超级运动场、趣味篮球公园、老年人体育培训中心等。

2）"X"：着力内容再造，满足市民消费需求。

围绕体育主题核心的拓展项目是集聚消费人流、提升场馆人气的关键，主要目的就是为整个场馆带来更多客源，形成最初的消费者。在做好本体"1"的同时，将闲置或半闲置的空间进行改造，不断充实"X"的内涵，拉长"X"的链条，最终形成了"体育场馆＋"的发展模式，即"体育场馆＋科技＋娱乐""体育场馆＋培训＋教育""体育场馆＋会展＋休闲""体育场馆＋演艺＋休闲"和"体育场馆＋互联网＋休闲"等。

3）"Y"：按照消费者的需求和价值开展多种经营活动。

体育需要商业带来的衍生服务提高用户满意度，商业则需要体育的互动性、娱乐性来聚集人气。江苏镇江市体育会展中心的大型商业配套是专门根据我国大型体育场馆的特征设计的配套商业化服务系统，其中包括商贸、餐饮、零售、酒店等服务项目。见表4-2。

镇江市体育会展中心功能业态一览表　　　　　　　　　　表4-2

	竞赛表演	CBA（江苏肯帝亚队）、中超（江苏舜天主场）"健身达人秀"、千台万人乒乓球赛等民间草根赛事
核心功能	体育培训	老年人体育培训中心、足篮乒羽等培训
	健身与康复	身体健康指导中心、心理健康指导中心
	体育体验项目	快乐足球公园、趣味篮球公园、趣味体操房"奇""特""乐"休闲体育圈等
延伸功能	展览与演艺	体育名人看体展、文化名人看体展、演唱会等
	体育彩票	足球彩票俱乐部、宾戈游戏厅（即开型体育彩票销售、游戏与体育彩票相结合）等
	体育与科技	空模、海模、车模、建筑模型、定向运动、无线电运动、工程车练习场、四轴飞行器练习场、创意科教模型室、趣味机器人模拟运动、电子竞技、真人CS项目等
	体育与教育	儿童感觉统合训练中心、STEAM儿童大学、准妈妈的胎教
	体育与休闲	儿童乐园、攀岩等
配套功能	商品零食	体育用品销售（迪卡侬）、原点园儿童餐饮店
	餐饮	高频开奖茶吧等
	休闲娱乐	电子音乐中心、酒吧（璀璨夜生活旗舰店）等
	酒店	布丁快捷酒店、婚礼主题酒店等
	住宅	国际冠城、万科魅力之城、万科·红郡等住宅小区

（3）经验与启示

1）业态布局的"横向联动"

江苏镇江体育会展中心主要由核心功能、配套功能和延伸功能组合而成，在功能结构上实现了体育与商业、住宅等的有效衔接。除了体育技能培训、健身、体育赛事、会展、文艺表演等常见的业态之外，这里还包括儿童 STEAM 大学、娱乐运动场、塑形体操房、创意科学教育（空模、海模、车模、建筑模型等）、"精英早教平民化工程"等体育与传媒、医疗康复、科技、教育相融合的创意业态。这些体验式项目往往与社会消费发展趋势和居民实际需求紧密相关，配套完善能有效保证客流量的稳定性。所以，它在商业配套方面设有零售超市、运动卖场（迪卡侬）、酒店、餐饮及艺术中心等更多满足消费者需求的业态，为打造地区文化地标打好了坚实的基础。

不配套商业业态会使体育综合体难以发展，过度进行商业开发会使体育综合体整体定位异化。在业态配比上，江苏镇江体育会展中心委托千方体育研究所和南京财经大学共同研究场馆的商业配套模式，以城市建设规划、人口规划、场馆空间设计为开发建设依据，以城市居民实际购买力和地区经济发展水平为项目布局依据，用科学的数据分析精密策划，将体育服务类业态和商业配套的配比定为 1∶1，既突出了自身特色，又更好地满足了消费者多样化的需求。

2）业态布局的科学引流

成熟的大型体育场馆营运收入的 60% 以上并非来自于核心赛事的票务和赞助，而是科学布局的商业业态。为了追求效益最大化，需要对潜在消费者进行科学化的引流，使潜在消费者能及时接触到愿意消费的项目。从总体上看，体育综合体业态布局具备高度的统一性，凸显"体育""健康""休闲"的形象与内涵，其中主要包括餐饮、休闲娱乐和购物三个主要业态。大型体育场馆内部结构复杂，一般有较多层数，为了追求回报率，商业业态的运营者会考虑如何将人群引到最高层的消费空间中去。在大多数情况下层数越高，消费者的数量越少。从江苏镇江体育会展中心的实际调研中可以得知，将商业价值相对较低的休闲娱乐、教育、医疗健康等类型的业态放在底层和入口处对消费者进行一次分流，将商业价值较高的餐饮及购物放在中层和高层。据了解，该做法的主要目的是：让消费者在前往"刚性"消费项目的途中必经"冷门"业态的聚集区，以挖掘前来人群的消费潜力。这种做法与传统的商业综合体恰恰相反，因为前来观赛的人群与去商业综合体购物的人群有着明显不同，观赛人群一般有明确的消费倾向，只有让他们接触到与体育联动的特色业态，才会让他们留下深刻印象进而产生二次消费的可能；否则，很难将他们引至高层的各个区域，这将造成极大的空间浪费。

2. 全民健身导向型

随着全民健身意识的进一步增强，越来越多的居民参与进了全民健身活动，健身需求与以往相比发生了巨大的改变。这同时也对城市社区居民可用的体育健身设施提出了较高的要求。因此，面向各大社区建设的体育中心成为满足居民健身需求的重要载体。现有的大部分社区体育中心以体育馆、游泳馆为主体建筑，辅之以户外的运动场地设施组成，一般位于城市内社区集中的地方。场馆内部除了传统的体育健身设施之外，还增设了棋牌室、会议室等新功能用房。相较于上层体育综合体，社区体育中心可延伸开发的功能相对较少，对其进行升级改造也缺乏成熟的经验。

由于大型体育场馆的数量有限，并不能满足居民日益增长的体育消费需求。为了充分落实城市体育用地指标，旧厂房改造以及对室内体育公园的重新规划被各地政府和社会资本看重。坐落于上海市嘉定区的"翔立方"体育综合体由南翔镇政府与尚清实业（上海）股份有限公司、上海信韧投资管理有限公司两家民营企业共同打造，占地面积 18000m²，集体育、教育和商业于一体。其中，体育类业态占比超过 60%，成为全国首家通过旧厂房改造而成的服务周边社区的城市体育服务综合体。但此类城市体育服务综合体所处的区域经济水平和大型体育场馆所在区域存在差距，体量相对不大，因此对内部的功能升级空间有限。在运营方面，仅有一定数量的基础体育服务项目和公益性服务，社区体育中心的经济效益普遍低下，缺乏餐饮、娱乐、零售等功能也成为常态。于是有管理者指出：原有的体育中心财政频频出现困难，实际提供的体育服务根本难以满足现在群众多样化的消费需求，需要在运营模式上寻求新的突破，以引进更多的健身休闲项目。

（1）典型案例

吴江区笠泽文体广场建成于 2002 年，总造价约 4600 万元，整个场馆占地面积超过 12000m²，建筑基地面积 6800m²，总建筑面积 9930m²，赛场面积 34m×46m，拥有观众席设固定座位 2548 个。2014 年，运营者对老体育馆已经老化的设施进行翻修，并进一步对空间布局进行了改造。周边辅房将重建为环形散步长廊，即使雨天也可以满足市民休闲健身的需求。馆外空间全部进行了二次改造，但地面活动场地得以保留，地下新规划的停车场可容纳 130 多辆汽车，总馆停车位将超 300 个，有效解决了老馆车位不足的难题。体育馆东侧已建设占地 25 亩的风情一条街，其中一半以上是集体育配套产品、餐饮、休闲的多功能商业区；其他空间用于室内全民健身场馆的建设，分为上下 5 层，其中有羽毛球馆、游泳馆、体操房、室内高尔夫馆等。

（2）业态布局分析

吴江区笠泽文体广场以老场馆的设施为基础，自行投入对老场馆改造并进行日常维护工作，以及以全民健身功能为核心的导向建设，保证体育场馆的正常运营并按政府要求对外建立免费、低价的服务策略，有效地保证了体育服务项目的公益性。此外，主场馆能按要求举办中小型赛事，在必要时为举办公共活动提供便利条件。由此，建立新的配套设施并购买邻近土地建立民企自主经营的健身中心与商业配套打造一体化的链式服务，拥有齐全种类体育服务项目的城市体育服务综合体应运而生。与此同时，运营方对户外体育场地进行整改，加入了环形健身步道，进一步丰富了体育健身的活动空间。

该体育中心以场馆为主体并购买相邻土地 12.5 亩，建立了"力康之星健身俱乐部"和自我品牌旗下的酒店及餐饮。其引入的配套业态管理完全自主化，实现了高度的自我管理与经营。"力康之星"俱乐部内除了包含常规体育培训及休闲娱乐外，新增了瑜伽、攀岩等项目全方位覆盖各年龄层和不同性别的市民体育需求。同时，以会员制的方式提供更加完善和高级的体育服务并增设商户洽谈等服务空间，比传统的健身场地有着更加丰富的功能。另外，设立高标准的运动超市，为市民购买运动服装和器材提供质量可靠的选择。吴江区笠泽文体广场功能业态一览表见表 4-3。

吴江区笠泽文体广场功能业态一览表　　　　　　　　　　表 4-3

建筑区域	业态类型	具体业态
体育馆	竞赛表演	省级篮球赛事
健身综合馆	健康与医疗	体质监测与运动康复
	健身休闲	舞蹈、游泳、健身、攀岩、瑜伽及商务会议、展览
	体育培训	儿童体育培训、女子健身塑形等
	健身休闲	广场舞、健身步道
配套功能	商品零食	体育用品销售、生活超市
	餐饮	健康饮食餐厅

（3）经验与启示

① 新建与改造结合——体育服务类业态的"纵向扩充"

笠泽文体广场不仅对原有的体育场（馆）进行了相应的升级，还采用新建补充的方式全方位地满足居民多样化的体育健身需求。在开发布局上展现出高度的密集型，是典型的由单一式到群落式的开发案例。"一馆、一体、一路"的集中搭配，使其与以往相比在功能上产生了巨大的飞跃。由于原有体育场馆的体量和形态与圆形竞技场型的大体育场馆有着明显差异，无法将大量的业态直接加入其中。单个复合式的建筑的开发对其进行了良好的补充，从业态布局上改变了体育中心的原有面貌。

② 运用新的运营模式

在市场经济时代，体育服务作为一种特殊的商品，正式进入市场流通领域，在市场中也要遵守市场经济的规律。在早期，由于体育资源多数归国家所有，政府还未完成由"办产业"向"管产业"的思想体系转变，体育场馆在运营中存在信息缺失的问题。改造前，场馆内的服务产品无法适应不断变化的市场需求，导致其在运营中的市场开发能力不足。仅仅提升一些硬件设施的品质、简单的服务升级和传统的赛事运营，已让消费市场的发展逼近上限。要想进一步打开消费市场的大门，让更多的人转变体育消费观念，更好地推进全民健身战略，必须以消费者行为为基础、以市场需求为核心，打造适应市场经济条件的体育服务综合体，这样才能让体育消费人口的数量进一步增加，让体育场地资源的利用达到最优化。

笠泽文体广场的改造升级使用了新的模式，民营资本与政府达成了协议并协调出了新的合作关系。此模式称为 BOT 模式，即"建设—转让—经营"模式，其主要内涵为：政府向私人颁布特许，允许其在一定的时间内筹集资金建设某基础设施并管理和经营该设施及其相应的服务与产品。该方式的优点在于：首先，可有效减少政府的财政负担并使场地设施的利用市场化，利用率得到有效提高，项目运作效益的升级给相关项目承包商带来了更多的发展契机，以拉动城市体育服务综合体的发展；其次，面对城市社区建设的体育场地设施需要继续保证体育服务的公益性，该模式可以有效调控政府对体育产业的控制力度，使其健康发展。综合来说，这种新的运营模式既能减轻政府的压力，又可有效发挥社会资本的优势。从市场发展的角度来看，其对综合体内的体育服务业态更新与发展有着明显的创新推动作用。

3. 商务休闲耦合型体育综合体

以商务休闲功能为导向的体育综合体是极其特殊的一种类型，在模型中同样属于中层体育综合体。在城市发展过程中，部分地区的土地资源极度稀缺，如已经发展成熟的城市中心及副中心，不存在新建体育场馆的可能。其中，以都市白领为首的工作人群在闲暇时间很难找到具备完善体育服务功能的场所。但在发展成熟的城市建筑群中，空间的利用并未达到饱和，很多写字楼和商业综合体内部仍然有着大量的可利用空间。

由此可见，以商务休闲为导向的体育综合体是一种可以耦合在其他综合型建筑中的休闲运动空间。从功能业态的布局上来看，由于其所面向的消费者人群单一且集中，因此它本身所运营的项目有着明显的同质化。以健身为主题并打造室内高尔夫、保龄球、柔术、剑道等高端小众的体育服务项目，成为运营商普遍采取的做法。

典型案例如下。

项目地处杭州市滨江区的商业核心区域——盛元慧谷商业街边，耦合在大型写字楼内，是杭州市单体健身面积最大的健身休闲场所，拥有 4000 多平方米的健身场所。其中，包括超大的观景露台、专业的私教教室、独立的拳击搏击区、动感单车房和室内高尔夫休闲区。在有限的空间内提供了餐饮服务区和商务洽谈区，使其成为周边上班族在闲暇之余所青睐的运动场所。作为耦合在大型写字楼或商业综合体内的小型体育综合体，它在业态规划上有着明显区别于其他体育综合体的特征。

1）体育服务项目具有较强的针对性。因消费人群的特性决定，消费者除了进行体育锻炼，更是在寻求商务洽谈的空间。在其内部，商务会议业态构成了主要的协同功能。

2）与周边区域环境有着明显的联动性。从区位上来看，在城市的区域中心一般存在着大量的酒店、商业街、写字楼，其周边环境中存在着大量发展成熟的商业业态，体育服务功能产生的价值则复合于其中，并不需要自身运营这些项目。因此，这类体育服务综合体与周边环境存在的业态在运营上相互独立，但在经济价值上却相互依赖。

4. 特色资源型体育综合体

大部分城市市区内的体育综合体都以现有的体育建筑发展而来，但在城市的大范围内，可利用的体育场地资源绝不仅仅分布在城市核心区域。可开发特色资源型体育综合体的场地设施通常离散地分布在城市的郊区和乡镇地区，在城市区位的总体分布上来看，该类型资源的存在极大地扩充了体育综合体的可开发范围，在模型上属于底层体育综合体。城市的郊区和乡镇地区风景优美，自然环境优越，山体、河流、沙地等自然资源成为极富吸引力的运动场所。2017 年 7 月召开的全国体育旅游产业发展大会指出，加快发展体育旅游产业，是落实全民健身国家战略、促进民生改善人民幸福的重大举措，也是推动体育与旅游转型升级、带动区域经济发展和脱贫攻坚的重要举措。促使体育旅游产业多元发展，要在规划上具备前瞻性，以体育旅游综合体为物质载体，以新兴项目为发展核心，以服务设施为依托，以产业融合为方向，以战略投资为支撑。体育部门与旅游部门深化合作策略，将会在体育旅游产业的发展中取得巨大成就。

特色资源型体育综合体基于市郊和乡镇的体育旅游资源发展而来。除体育旅游之外，围绕休闲观光、养老康复、极限运动为主题打造的综合体相继投建。在市郊乡镇地区有着更加鲜明的民俗风情和文化氛围，这使得各类体育综合体更易发挥自身所拥有的优势，其中凝练出的体育文化风格迥异。得益于大面积的闲置空间，群落形态的综合体以体育小镇的形式迅猛发展，近年来保持着极高的热度，大量的商务、会展、零售业态迁入其中。其中，群落式发展的体育小镇能够明显带动周边的地产开发，相较于市区的压迫感，优美的自然环境吸引了大量的居住与健康类投资，尤其受到中老年人的欢迎。

（1）典型案例

墨田区体育生活馆是日本众多体育生活馆中独具特色的一个，依托郊区的自然资源，以"养老康复"为主题发展成的较成熟的综合型运动场馆。该场馆位于日本东京都的郊区位置，依山傍水，自然环境十分优越，虽然区域位置并不在城市核心位置，但交通便利，毗邻重要的日本郊区旅游路线，周边住宅功能开发多以别墅形式投建，区域消费水平较高。该场馆结构相对简单，但内部功能业态十分丰富，除了游泳、射箭、羽毛球等常见的项目，医疗康复功能被重点推崇。武术厅、老年健身操房、医疗保健室和健康体检中心一应俱全；除此以外，全部的内装设施和涂层均采用环保材料，顶部拥有全绿化友好设计的观景台和五人制足球场，与周边的自然环境相得益彰，将"养生康复"的主题发挥到极致。日本墨田区体育生活馆功能业态一览表见表4-4。

日本墨田区体育生活馆功能业态一览表　　　　　　　　　　表4-4

楼层	业态功能	具体业态
5	健身休闲	五人制足球、观景台
4	竞赛表演	跑场、文艺演出
3	体育培训与建设休闲	排球、羽毛球、乒乓球、篮球、武术
2	医疗与健康	体检中心、力量训练室、心脏功能恢复室
1	健身休闲与餐饮	室内游泳馆、餐厅

（2）业态布局分析

依托特色自然环境资源，发挥引入业态优势，是墨田区体育生活馆在开发规划过程中的经验所在，这集中体现在以下三个方面：一是体育建筑与自然环境的高度融合。场馆的绿色健康设计突出了功能特色及运营理念，在消费者心目中形成了鲜明的印象，良好的设施基础能强化住宅功能，有效带动周边地产业的发展。二是便于定位目标消费群体。虽然处于郊区位置，场馆依旧拥有多项体育赞助，以优美环境打造"养老康复"的主题进行业态布局，对目标消费者进行了明确定位，对场馆的宣传和营销起到积极作用。三是与自然环境协调发展的人文精神宣扬，明确业态扩充的要求。中老年人的健康问题在世界范围内

43

受到密切关注，相较于城市内的繁华和快节奏氛围，中老年人格外喜爱安静、健康的自然环境。在自然环境中打造适合中老年人的体育服务综合体，是社会人文关怀的高度体现；在内部业态选择上，武术、健身操和医疗保健的合理搭配将服务落到了实处，酒吧、大型演出等业态项目则不适合加入其中。

不仅仅是面向中老年人，特色资源型的城市体育服务综合体普遍具备以上特征。在综合体发展的新时代，围绕城市范围中离散化分布的体育资源进行开发，提供多样且极具特色业态功能以满足不断细分的居民体育消费需求成为发展潮流。不同于传统商业体功能结构具备高度的相似性，特色资源型城市体育服务综合体的功能布局相对灵活，依据核心业态的发展需要匹配相协调的附加业态才是正确的选择。

第五章 体育综合体的空间设计

第一节 体育综合体空间设计的原则

体育综合体空间设计应充分考虑两个因素，即公益性和综合性，并尽可能地提高足够的弹性空间和可变条件，为运营功能整合及相关产业整合提供便利条件。这里主要涉及两个方面：一是运动空间通用化，在有限的运动空间内提供不同形式的体育运动方式；二是配套空间复合化，把赛事管理用房、运动员休息室、兴奋剂检查室等配套用房在赛后作为文体培训、娱乐、休闲、商业、健康医疗等功能用房，通过多元化的服务功能促进体育综合体功能的复合，更好地为广大群众提供体育消费和体育服务。

一、运动空间通用化

体育综合体空间设计应为运动员创造公平、舒适的比赛训练环境，为观众创造安全、良好的视听环境，以及为工作人员创造方便、有效的工作环境。此外，在保障体育竞赛功能需求的前提下，还要兼顾全民健身活动，充分考虑赛后的使用和经营，以保证最大限度地发挥其社会效益和经济效益。同时，针对不同运动项目、不同群体的差异，也要求运动空间应具有高度的通用性。

一般而言，运动空间是体育综合体的核心空间，其功能通用化应该体现在两个方面：一是赛事运动空间应该适用于多种体育运动项目的通用，通过场地布局的调整能够为多种运动项目提供服务；二是非赛事运动空间应根据赛后运营需求，能够因时、因地、因人地调整运动项目。

1. 赛事运动空间

赛事运动空间是体育综合体的核心，除了必须符合赛时比赛要求，还应考虑场地的兼容性与适应性。我们要确定合适的场地大小，保证体育场馆的赛事运动区能够得到充分利用，并适应多种运动项目（如篮球、排球、手球、羽毛球、乒乓球、体操、网球等）的专项训练。赛事运动空间还需要能够举办各种大型展览或演唱会等商业活动，同时具备搭设大型舞台和演唱表演所需的各种设施的可能，并通过设置合理的观众座席规模，采取适当比例的移动座椅或临时座椅，灵活调整场地面积，适应不同需求。赛时，展开全部移动座椅，使观众与运动员更加接近；赛后，又能够将移动座椅缩回可以提供更多的运动场地面积。移动座椅的布置主要有两种方式：一种是布置在固定看台首排之前，一直延伸到场地边沿，缩回后可以扩大运动场地的面积，提高场地变换的可能性；另一种是放置在看台的后部，赛后回收或拆除，可以形成完整的开放空间作为其他用途。比如，"水立方"的比赛大厅赛后就将看台后排的移动座椅拆除，从而迅速转换成商业空间。因此，赛事运动空间的平面尺寸应该在一般性比赛场地的基础上，针对其他赛事活动需求能够做出适当调整；同时在体育工艺方面，也能根据不同赛事活动满足相应的技术要求，例如球场专业照明，满足专业比赛篮球比赛平均照度是750lx，羽毛球比赛主赛区平均照度是1000lx。丹麦的Rotebro社区体育馆是当地学校和社区共用的体育馆，体育馆规模和预算有限，因此需要在有限的面积里考虑运动空间的通用化设计。于是，建筑师就采用了当地最受喜爱的室内足球场尺寸作为运动大厅场地尺寸，通过对场地进行划分，使其能够容纳五个羽毛球场、四个排球场；在屋顶设置了可伸缩篮球架，放下即可形成标准的篮球场；在建筑的一端设置了多功能游戏墙，可以进行攀岩、篮球、射击等儿童活动，使体育馆的功能更加多元化。

2. 非赛事运动空间

非赛事运动空间是开展室内体育活动、进行体育技能培训和赛前热身的场所，在体育综合体内一般以小球室、健身、体操和培训教室的形式存在。非赛事运动空间的具体内容应根据空间尺寸和活动项目决定。它较赛事运动空间的维护成本更低，使用和管理更加灵活，因此更贴近于全民健身。不过，非赛事运动空间类型较为单一，平面布局较为简单，但是可以和赛事运动空间形成多种组合方式。在设计时应考虑不同小型运动项目的场地尺寸，使运动空间能够在不同的功能之间灵活转换。

二、配套空间复合化

由于我国大型体育场馆为了主办大型体育赛事而建，往往需要配套建设大量辅助用房，如观众用房、运动员用房、竞赛管理用房、媒体用房、场馆运营用房、技术设备用房和安保用房等；而且，这些辅助用房在总建筑面积中占比很高，因此赛后如何综合利用这些辅助用房是一个十分重要的问题。1995年，国务院颁布的《全民健身计划纲要》中规定，"体育场地设施建设要纳入城乡建设规划，落实国家关于城市公共体育设施用地定额和学校体育场地设施的规定。各种国有体育场地设施都要向社会开放，加强管理，提高使用效率，并且为老年人、儿童和残疾人参加体育健身活动提供便利条件"。因此，在体育场馆规划设计时，应该把赛后不再需要的赛事配套功能用房相对集中布置，以便更好地落实国家体育总局关于大型体育场馆"体制改革和功能改造"的要求，赛后能够将其改造成文体培训、休闲娱乐、商业购物、健康医疗等功能用房，与运动空间共同形成相关功能相互兼容、相互支持的体育综合体。

配套空间的复合化运营能够进一步增强体育综合体的活力，对于空间利用率和空间质量有显著的提高。此外，在交通流线规划时还要考虑赛后人流、车流动线的组织，以及各配套用房的水电气管网预留。例如，北京工业大学体育馆为满足学校社区服务的使用功能要求，体育馆功能分区做了四大部分的改造：一是利用大量削减的媒体用房改造成大学生文体活动中心；二是利用比赛馆主馆，结合副馆与部分运动员用房及赛事管理用房，可改造成健身中心，可提供学校体育教学使用，也可以作为国家羽毛球队训练基地，还可作为商业性的比赛设施；三是利用大量缩减的竞赛管理用房，尤其是高级办公用房，改造成会议中心；四是把赛时的贵宾用房和赞助商用房改造成俱乐部，既有利于这些房屋的维护，又可以充分利用这些场馆资源。

第二节　体育综合体空间设计的对策

一、区分软硬空间

路易斯·康在美国屈灵顿犹太人社区中心更衣室设计中初步体现了"服伺空间"与"被服伺空间"的关系，而到理查医学研究楼设计中对两者关系的认识达到了理性高度，如图 5-1 所示。"每一部分皆有考虑，空间并无冗杂之处""空间的性质更被服务于它的次要空间特征化了，贮藏室、服务用房以及其他小空间绝不可能由大结构空间分隔而成，而必须有自己的结构。"

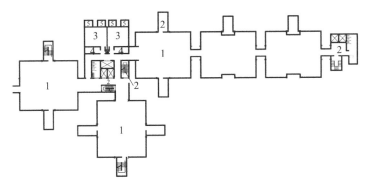

图 5-1　理查医学研究楼标准层平面
1—工作室塔楼；2—电梯、楼梯；3—动物房；4—服务间；5—进风道

同样的关系存在于体育场馆的空间设计当中，不同的是"被服伺空间"具有使用功能的不定性。在这里，本书结合相关研究提出"软、硬空间"的概念来突出体育场馆中"被服伺空间"与"服伺空间"在使用方式、功能性质等方面的特征，如图 5-2 所示。

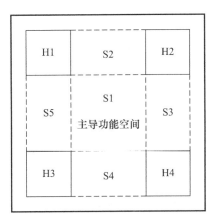

图 5-2　软、硬空间组成示意

图 5-2 中，H1、H2……表示设施当中受外部条件变化影响不大的部分，它们的使用功能与使用方式比较固定，称为硬空间，在图中用实框表示。如有固定用途的服务用房、设备用房、交通空间等。S1、S2……表示设施当中随时段、服务对象等外部条件变化使用方式也相应发生变化的部分，称为软空间，用虚框表示。这类空间中比较典型的是体育设施的比赛空间。其次，由于功能结构自组织特征目标的建立，附属用房中的部分空间也有进行功能变换设计的必要，以适应动态使用的需求。如商业用房、服务设施等都会随着体育事业的不同发展时期而会有相应的变化。因此我们可以广义地认为，体育设施中除有固定用途之外的空间（如设备用房、楼梯间），都应当作软空间设计，以适当加大柱网尺寸、使用灵活围合构件等手段，赋予它们较强的可塑性。

但空间的策划并非绝对完善，行为和活动也不会是一成不变的，而是随着人类的价值观的变化而变化。因此，这也就形成了空间和人类活动之间的一种动态关系。功能是建筑中最根本的决定性因素。社会生活形态的不断发展变化，决定了建筑功能也必然是动态的。我国许多大空间公共建筑在建设初期，都能比较成功地举办各种活动，发挥较好的社会效益。而如今，由于大众需求不断变化，供求矛盾日益突出，有的竟无法使用。这种情况在体育场馆建筑与展览馆建筑中比较突出。那么，造成这种局面的原因何在呢？若对这些建筑的前后使用情况进行一下比较就不难发现，社会发展、生活模式的动态需求特征与设计模式的静态思维模式之间的脱节，是矛盾产生的主要根源。

与此同时，随着时代的变迁、社会的发展和城市结构的变革，人们生活与社会活动的内容日趋多样化，大空间公共建筑所要容纳的活动内容也将需要不断拓展，给其功能带来了很大的不确定性。因此，大空间公共建筑的内部空间应具有较强的应变能力，以适应不同功能的多样化要求。同时，我们应客观地认识到，新功能的注入使大空间公共建筑的功能结构体现出许多不确定性，这也给设计带来了较大的挑战。此外，运动项目的不断拓展、更新，将直接对承载这些项目的硬件平台——体育场馆设施提出新的要求；而体育场馆设施能否从容地应对新的变化与需求，管理运营是一个方面，但是根本上还是取决于场馆自身是否具备足够的应变能力。而动态设计观的确立将赋予建筑这种应变能力，它主要由兼容性、周时性组成。

（1）兼容性。是指在一定条件下，不同的功能可以被同一空间所包容，具备适应多样使用功能的应变能力。其中，体育馆比赛场的多功能使用是主空间兼容性设计比较典型的情况。再如，游泳馆在非比赛期间将活动看台收起，转换为休息平台，可供餐饮、棋牌等休闲娱乐活动使用，丰富了使用者的活动空间，也属于兼容性设计。

（2）周时性。是指建筑历时进程中，一种功能的消亡和另一种功能的替代。如城市结构和市场需求的变化往往会带来建筑角色的兴亡。而体育综合体中副业内容的更新，也要求建筑师赋予空间一定的应变能力，这就像为建筑植入设计理念的"干细胞"，使之再造生命，以适应城市节拍和社会需求。

因此，对体育综合体动态设计观的理解既涵盖主导空间的多功能使用，又包括辅助用房的历时适应性设计，是对体育建筑整体空间功能动态性的认识。软硬空间概念的提出就是基于对建筑功能的动态使用特征的认识，是动态设计观在建筑空间设计中的体现。对软硬空间的分析、使用预测，有利于资源的合理配置、挖掘空间的利用潜力，为体育综合体功能的可持续发展提供理性的设计方法。其中，软空间是实现空间多元、功能多样、用途转换的主要载体，同时需要硬空间的同步设计予以配合。

综合来说，软空间和硬空间的设计应遵循下列原则：

（1）保障软空间的完整性。为此，硬空间的位置应相对独立，尽量避免对软空间的切割或插入。这有益于软空间内各功能单元之间的互换、合并、灵活划分和通达便利。

（2）关注软空间的使用质量。软空间是建筑主要的"被服伺空间"，因此应当占据最佳的空间位置，如便捷的流线、最佳的朝向、最好的自然通风和采光条件等。

（3）尽量采用规则的几何形态。越简洁的原形空间，越便于多样分隔，反之则不然。

（4）为进一步开发留有余地。这主要是指软空间二维平面上的发展，当然也有三维空间的竖向开发。

1. 硬空间设计

（1）压缩集中布置

硬空间应集中布置，并将设备、交通、洗手间等尽量脱离主体，或贴外墙布置，不对软空间的灵活使用与延展造成阻隔，也有利于更新改造。如德国某体育馆的附属空间集中在场地一侧布置，体育馆有近1/2的外墙不受约束，活动场地具备进一步向外扩展的可能，如图5-3所示。再如，改变以小空间包裹大空间的做法，而将它们放在底层，作为比赛厅的裙房。这种做法在近年来的体育综合体设计中运用比较普遍，效果良好。此外，还应尽量压缩硬空间的份额，如洗手间的规模可根据平时人流量确定，设计时预留附加临时设施的位置并预埋管线，比赛期间临时搭建，使用后拆除还原。硬空间的集中布置还有利于水电、空调等设备管线的分布，减少穿插及布线距离，便于集中利用设备间、管井。这在一定程度上起到协调各专业设计矛盾、降低建设造价的作用。

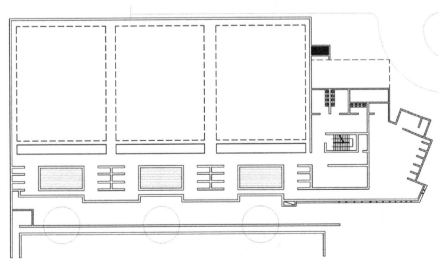

图 5-3　德国某体育馆

（2）调整配套设施的适应能力

配套设施应考虑平赛使用的双重需要，通过对大众参与流量等因素的预测，确定相应的设施规模；而非仅以赛时的标准作为设计依据。这个问题在游泳馆的开放使用中比较突出。如杭州游泳健身中心的更衣室、淋浴间是按照比赛标准设计的，对外开放使用后实际人员流量大大超过赛时运动员人数（夏季每场人数最多达 800 人），更衣室、淋浴间拥挤不堪，根本无法正常使用。北京奥体中心英东游泳馆也存在同样的问题，备战奥运会训练时最多运动员为 600 人，而对社会开放使用要同时接待 1200 人。经营者为改造更衣室空间容量、给水排水设备等增加了 1000 万余元的投资。针对这种不足，《体育建筑设计规范》JGJ 31 中强调了对相关辅助设施规模的确定应兼顾平时使用的原则。希望在《体育建筑设计规范》JGJ 31 实施过程中，这种设计建设的浪费能够得到避免和尽可能地得到有效改善。

目前，我国体育综合体的群众使用一般不考虑淋浴间。健身前的更衣时间短且循环较快，对更衣室规模的要求可以适当放宽。有些体育综合体的对外使用仅设更衣室，利用走廊或休息厅摆放更衣柜，相对来讲比较简易，但却节省空间，简便、实用，如北京奥体中心体育馆、珠海体育馆等。

2. 软空间设计

（1）附属用房的功能转换

① 空间设计具备较强的灵活性。采用合理的柱距、层高，形成有柱大空间，既能满足结构、经济要求，又能够适应不同使用功能的要求。如层高 4.2m、柱网尺寸 9m×9m，一般能够使服务用房具有良好的通用性。不但可以很好地满足群众健身、保龄球、乒乓球的使用方式，而且对其他用途也有较好的适应能力。如举办展览时，4.2m 的层高可以满足叉车进出搬运展品，也可以满足临时改建成小宴会厅的要求。

宁夏体育馆就是将服务用房的各功能区做成大柱网的灵活空间。与传统的分散组合截然不同，为服务用房的功能转换创造了条件，如图 5-4 所示。在大连理工大学体育馆方案设计中，设计人员尝试将走廊与附属用房通盘考虑，两者在没有比赛的情况下合二为一，供学生训练、教学使用。举行比赛时，使用灵活隔断恢复交通功能，如图 5-5 所示。

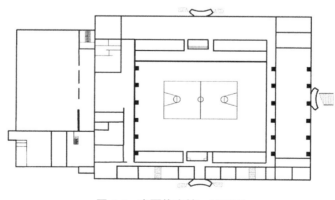

图 5-4 宁夏体育馆一层平面

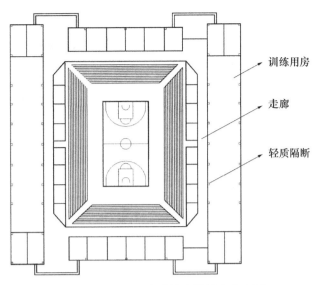

训练用房

走廊

轻质隔断

图 5-5　大连理工大学体育馆某方案平面

新西兰 Chase 体育馆是为联邦运动会和 Selwyn 大学共同使用而修建的。由于赛事较少，为了提高利用率，体育馆的休息厅设在了一层且采用 12m×6m 的柱网，在二层观众席下形成一个 12m×42m 的矩形空间，净高达 4m 左右。由于空间开敞，又有自然采光，可作乒乓球、体操、健美等多种用途，如图 5-6 所示。

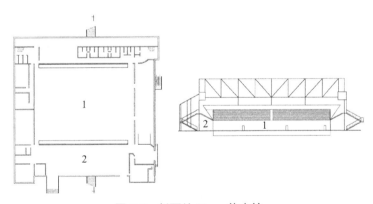

图 5-6　新西兰 Chase 体育馆

1—比赛厅（Main hall）；2—休息厅（Foyer）

而伦敦 Kirklees 体育场则在包厢的设计上推陈出新，使用可折叠的室内设施。在没有比赛时，将包厢转换为客房、会议室出租使用，避免闲置，如图 5-7 所示。

②增大首排高度，提高空间利用率。当首排高度由 1.8m 提高至 2.8m 时，对于 3 万座左右的体育场来说，可以增加 2000m² 的使用面积，而建筑面积并未增加，相当于利用率提高了 13%，总投资基本不会增加。首排高度的确定要参照场馆的规模及观众席排数，应做到既能保证净空高度的正常使用，又要将观众席的俯视角控制在可以承受的透视变形之内（≤28°～30°）。具体计算方法可参见《建筑设计资料集 7》。但不同类型的体育场

馆因视点选择不同，首排高度可以增加的幅度也相应不同。如对于中小型多功能体育馆而言，可采用4.2～4.5m的首排高度，一层房间高度适宜，比赛时场地内布置15～18排移动座椅，具有较大的灵活性，如图5-8所示。

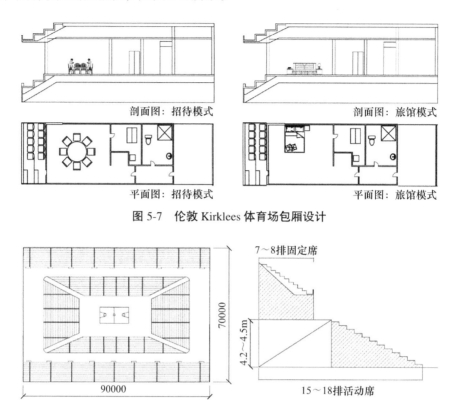

剖面图：招待模式　　　　　剖面图：旅馆模式

平面图：招待模式　　　　　平面图：旅馆模式

图 5-7　伦敦 Kirklees 体育场包厢设计

图 5-8　中小型体育馆的首排高度

③ 集中布置，方便功能转换。只有在比赛期间使用的办公、运动员、教练员用房布局应尽可能紧凑，为转换成日常使用频率较高的空间提供方便。如把运动员用房和工作人员用房集中，以轻质灵活隔断分隔，无比赛时连成一体进行训练和健身；举办展览时，又可作为附属展厅或大会议室进行商业洽谈。北京奥体中心英东游泳馆此前在亚运会之后，将比赛用房与水上设施进行重新整合，形成四个相对独立的体系：训练、商业、健身和娱乐。裁判、新闻、比赛池、跳水池、陆上训练设施组合为训练基地；休息厅、庭院、更衣室、放松池、热身池供对外开放使用（比赛池与跳水池在没有训练的情况下也开放使用，用途分别为游泳与潜水），部分比赛办公用房改作商业服务、餐厅、儿童娱乐设施使用。空间集中布置有时会带来建筑进深加大，出现内部空间依赖空调和人工照明的问题，因此应在合理利用资源的前提下适当运用。

④ 加强日常流线。如体育馆和游泳馆的运动员或贵宾入口在平时就是群众锻炼的入口。因此，应将此类用房归入软空间范畴，考虑它们作为较多人流出入及驻留的空间，像以往那样偏之一隅的做法将会造成使用中的不便与矛盾。

北京奥体中心英东游泳馆运动员比赛和平时，与对群众开放使用同一个出入口及门厅。

由于设计预留面积标准较高，平时使用并不显紧张，布置了一定数量的座椅和泳具销售柜台，感觉比较舒适、方便。而且通过门厅还可以和其他的服务设施连通，如医疗咨询室、餐馆、儿童游戏室、保龄球与台球室等，形成简洁、独立的内部交通流线，如图 5-9 所示。杭州游泳健身中心彻底改变传统空间组织方式，以一个两层高的小中庭作为比赛时观众集散的休息厅，而平时则作为群众健身、锻炼活动的附属休闲空间，并且起到联系其他功能单元的作用。其内布置的座椅及零售餐饮设施虽然数量不多，但感觉方便、亲切，体现出对日常使用方式的关注，改善和提高了休息厅的使用质量及使用频率，如图 5-10 所示。

图 5-9 英东游泳馆大厅

图 5-10 杭州游泳健身中心门厅

（2）灵活设施

灵活设施包括移动座椅、临时座席、活动隔断、活动地板、整体移动观众席或体积庞大的可移动建筑体。目前，在体育建筑中使用比较多的是移动座椅、临时座席。

① 移动座椅与临时座席

使用移动座椅与临时座席通过平赛不同时期座席数量的调整，达到多功能使用的目的，满足竞赛与群众使用的不同需要，减少能源消耗，减轻赛后运营管理负担，现已在体育综合体建设中广泛运用。实际上，移动座椅还是创造多元空间的一种有效途径。如华南理工大学为广东省运会创作的东莞游泳馆方案（规模 1900 座），将其中一面看台设为临时座椅（930 座），省运会结束后将其撤除，并用轻质材料沿游泳池一侧隔断，形成相对独立的使用空间，可供体育教学、陆上训练或对外开放使用，并且减少了比赛厅的空间体积和空调、排湿等维护费用，可谓一举两得，如图 5-11、图 5-12 所示。北京大学生体育馆采用两层移动座椅，没有比赛时第二层座椅收起，可提供四个羽毛球场地，与一层的比赛场地共同使用。

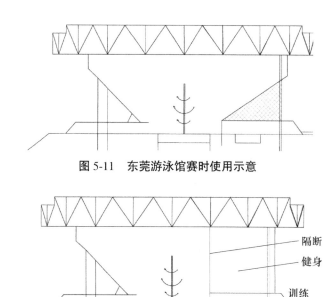

图 5-11　东莞游泳馆赛时使用示意

图 5-12　东莞游泳馆平时使用示意

在义乌体育中心游泳馆方案设计中，也采用了移动座椅的技术措施。平时使用时将移动座椅收起，形成可以利用的室内平台。它既可以供小型的体育项目使用，也为平时使用提供了休息空间。由于标高不同形成的空间起伏变化、休息者与池中嬉戏者之间的"人看人"关系，丰富了参与者的感受，弥补了竞技游泳馆空间单调的缺点，如图 5-13 所示。

② 整体移动观众席、可移动建筑体与活动隔断

我国体育设施的使用人数变化幅度较大。以体育馆为例，平时用于文艺演出类活动时上座率仅为 30%～50%，而供群众健身活动的使用规模更不固定。如果体育设施仅能历时性地满足各种活动的使用要求，必然导致利用率低。而整体移动座席、可移动建筑体与活动隔断能够对大空间进行适当分隔，独立使用、互不干扰，形成多个使用单元，共时性地容纳多种活动并在必要时合并为大空间使用。

日本琦玉竞技场建筑总面积 1323210m²，地下 1 层，地上 7 层，观众容量 23000～36500 人。它的最大特征是将观众席、大厅、洗手间、小卖部、机械室等组成一体，构成重达 1.5 万吨的钢结构建筑体，依靠滑轮装置移动钢结构建筑体来改变空间大小。移动区段由 64 台轨道车支撑，全部在 18 根平面钢轨上行走，移动速度为每 20 分钟水平移动约 70m。举办大型比赛时移至竞技场一侧，形成可容纳 36500 人的比赛空间。在没有大型比赛的情况下，移动体处于建筑中央，将比赛厅分为两部分，一座 23000 人的体育馆可供中小型比赛和市民健身使用，一个弧形的多功能前厅作社区活动使用，如图 5-14 所示。

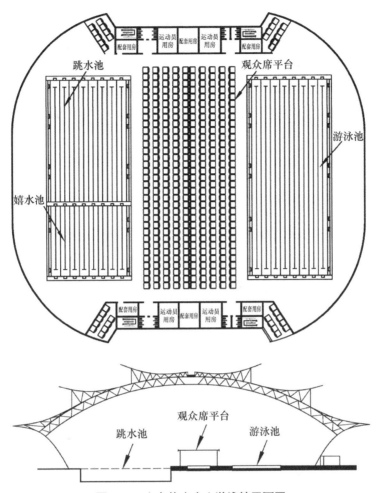

图 5-13　义乌体育中心游泳馆平面图

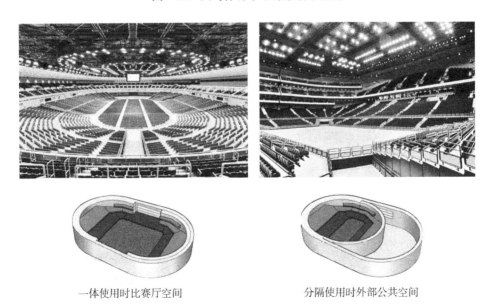

一体使用时比赛厅空间　　　　　　　　　分隔使用时外部公共空间

图 5-14　琦玉竞技场的可移动建筑体

澳大利亚悉尼水上运动中心的座席规模变化设计，堪称使用灵活设施的典范。设计者考克斯将游泳馆一侧长边屋顶悬挂于拱形结构之下，墙体因此成为围护结构而非承重结构。比赛期间可以拆卸，在外侧布置观众席，规模可由 5000 人增至 15000 人，如图 5-15 所示。长野冬奥会速滑馆、温哥华哥伦比亚室内体育场运用了整体移动观众席，协调不同项目之间场地和视线的矛盾。以上这些做法对体育馆主导空间的分隔使用及创造多元空间启发颇大。

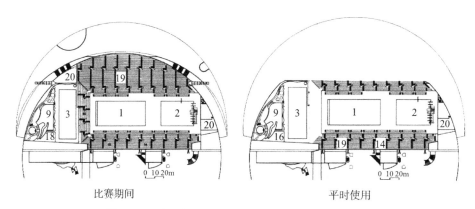

比赛期间　　　　　　　　　　　　平时使用

图 5-15　悉尼水上运动中心平赛期间座席布置情况

不过，相对于整体移动座席与可移动建筑体来讲，活动隔断在分隔空间方面具有更大的灵活性和易操作性。

美国伊利诺大学会堂的平面是一个直径 122m 的圆形，能够容纳观众 18000～20000人。十字交叉的吊帘可将比赛厅划分为四个平面呈扇形的空间，分别容纳 4500～5000 人，特别适合进行观演类的活动，如歌舞、戏剧、会议、演讲等，如图 5-16 所示。

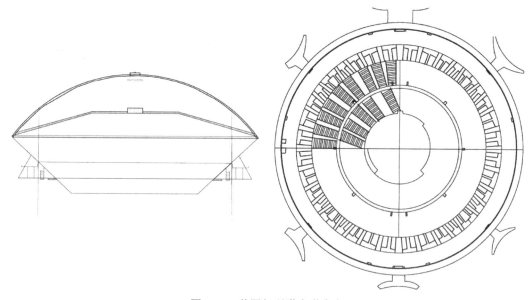

图 5-16　美国伊利诺大学会堂

德国某中型体育馆平面为规则矩形，三条纵向活动隔断将比赛厅分为四个单元，可进行多种组合使用，如四个小馆、两个大馆、一大一小两馆、一中两小三馆等，如图 5-17 所示。

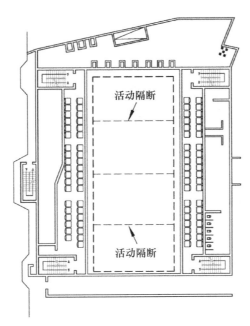

图 5-17　德国某中型体育馆平面

其他诸如印度新德里亚运会体育馆、莫斯科和平大街室内足球馆等，都采用了悬挂活动隔断，可将比赛大厅一分为二，独立使用。

（3）空间的通用与共用

在体育综合体中，体育场馆的使用与其他大空间建筑的功能相关度很高，强化比赛空间对多种活动的适应能力；同时，调整相邻大空间建筑的布局，可使彼此能够兼容对方的活动内容。此外，体育场馆及其他大空间建筑的"服伺空间"功能上具有一定程度的相似性，集中布置使空间和设施可以共用。所以，软硬空间的设计观念还体现在使某些不同功能单元具备功能因借、转换的特性，具体表现为空间的通用与共用。

例如，展览馆与体育馆临近布置，两者具有功能相容性，适当的设计可以在其中一方使用需求大于自身容纳能力的情况下，通过另一方提供空间得到满足。这方面的例子并不少见，日本千叶幕张会展中心便是一个典型案例。其中的大型多功能体育馆就考虑举办展览的可能，与其他功能单元在空间上可分可合，平时作为体育馆使用；举办大型展览时，则成为会展中心的一个展厅而与其他部分融为一体。奥克兰的阿拉米达体育中心由棒球场、体育馆、展览馆、停车场等几部分组成，通过展览部分连接体育馆和棒球场。展览馆的屋顶为中心广场，而它的一层部分与体育馆的场地连通，体育馆座席下面的房间基本为大柱开放空间，方便两边空间的转换与通用，如图 5-18 所示。2008 年北京申奥体育中心规划设计方案中，也运用了同样的设计理念。体育馆临近展览中心布置，便于举办大型展览时转换功能，扩大展览面积。而展览中心则通过简化和明确各项流程，尽量提高软空间比例，使空间的可塑性大大增强，能够适应展览、体育比赛和娱乐活动等不同的使用要求。

图 5-18　奥克兰阿拉米达体育中心

体育馆将比赛厅同集会观演类的大空间毗连，可以共用观众席。如埃里温体育音乐中心，体育馆和音乐厅通过一块 1000 座的看台连接，看台可以整体旋转，可根据需要灵活调节面向体育馆或音乐厅，如图 5-19 所示。体育场馆还可以通过共享公共交通、辅助用房等空间，将比赛空间与其他大空间连接，组成体育综合体。如体育馆与游泳馆的组合就可以采用卡尔加里林赛体育中心的布局方式，但由于游泳池的水汽对建筑结构、工艺技术有特殊要求，所以更多情况下是将两者分设，共用门厅、设备间、更衣室等设施。英国曼彻斯特威奥斯大学体育中心便是一例，如图 5-20 所示。

动态功能观与软硬空间的设计对策，实际上顺应了功能可持续发展的设计观。从目前的实践情况来看，人们主要在资源、能源、环境等几方面来研究建筑的可持续发展，而忽略了功能这个最根本的决定性因素。我们把建筑既能满足现在的功能需求，又能适应未来的需求变化，定义为功能的可持续发展。它是新时代可持续发展思想的深化与拓展。

图 5-19　埃里温体育音乐中心

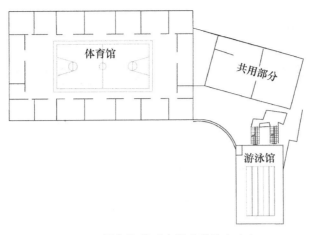

图 5-20　曼彻斯特威奥斯大学体育中心

二、优化整体布局

扩大建筑面积并非是拓展使用空间与提高使用效率的唯一途径，还可以从空间布局方式上寻求突破。通过对广东天河体育馆与日本名古屋体育馆的比较，我们或许可以得到一些启示。两者在建筑面积、座席数量、跨度与建造时间几乎同样的情况下，功能容量却大不相同，显而易见它们在空间布局理念上存在差异，如表 5-1、图 5-21、图 5-22 所示。

两座体育馆使用功能比较　　　　　　　　　　　　　　　表 5-1

			天河体育馆（包括练习馆）	名古屋体育馆
建筑指标	建成时间		1987 年	1987 年
	建筑面积		25518m²	27000m²
	最大跨度		95.76m	100m
	场地面积		4440m²	7310m²
功能指标	比赛厅	座席	固定席 7904，活动席 724，最大容量 8628	固定席 5000，活动席 2000 最大容量 10000，包括场地内布置 3000
		场地	34m×50m（1700m²）最大可供手球比赛使用	长圆形 49.4m×84.4m，直径 35m（3464m²）可布置 160m 室内跑道 4 条
	练习馆	1	主馆内练习场	第二比赛厅 36m×25m 固定席 500 座
		2	球类训练场	技击馆 25m×25m（625m²）
		3	技巧训练场	25m 游泳池 7 道
		4	—	健身室（470m²）
		5	—	多功能厅 18m×27m（486m²）
	其他	1	会议室 400m²	会议室 290m²
		2	—	健康教育中心
		3	—	餐厅

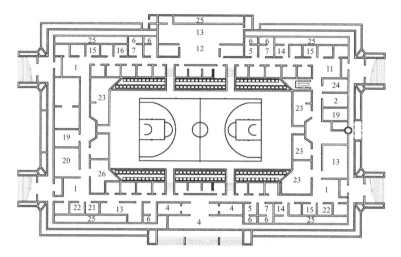

图 5-21　天河体育馆一层平面

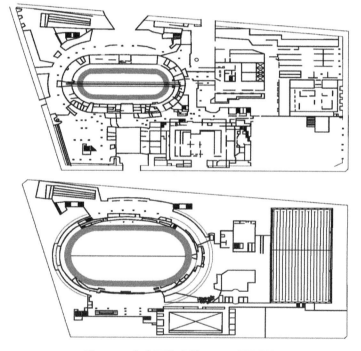

图 5-22　名古屋体育馆一、二层平面

国外，特别是日本的体育馆设计通常采用减少辅助用房面积、扩大场地占有率、优化整体布局的做法，见表 5-2。

其中，复合型设施的空间布局更是灵活多样，呈现出系列化、多元化的特点。如日本浦安市综合体育馆，如图 5-23 所示。

而对于那些无须空间多元化的体育馆（在国外一些城市或地区，同样受经济、社会、需求等条件的制约，单一空间的体育设施与复合型设施多种类型并存），则空间单纯。除了一些必要的设施外，没有更多的其他附属用房，如日本小国町民体育馆，如图 5-24 所示。

日本体育场地占有率　　　　　　　　　　　　　表 5-2

名称	建成时间（年）	总建筑面积（m²）	场地面积（m²）	比率
茅野市综合体育馆	1980	7259	3410	46.5%
河口湖町市民体育馆	1980	4215	2130	50.5%
东宁涉谷区体育馆	1985	4202	2500	59.2%
神户市王子体育中心	1990	7193	3280	45.8%
茂源市民体育馆	1991	7658	3570	46.7%
长野市民体育馆	1992	4815	2280	47.5%
北本市体育中心	1993	8679	3781	43.5%
平均	—	—	—	48.6%

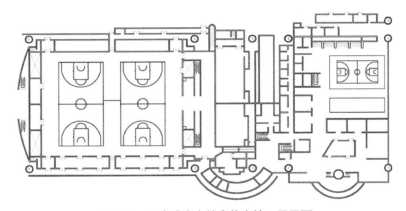

图 5-23　日本浦安市综合体育馆一层平面

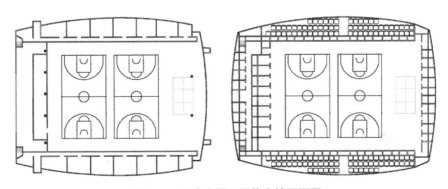

图 5-24　日本小国町民体育馆平面图

相比之下，我国大多数体育馆不论规模大小及使用上的差异，空间构成要素几乎不变，建筑布局也大同小异，基本采用休息厅包围比赛厅的做法，被作为一种固定的模式长期沿用，限制了设计上的突破。同时，较低的场地占有率在一定程度上束缚了多元空间的创造，见表 5-3。

国内体育馆场地占有率　　　　　　　表 5-3

名称	建成时间（年）	总建筑面积（m²）	场地面积（m²）	比率
北京海淀体育馆	1990	11439	1550	13.5%
北京石景山体育馆	1990	9778	2400	24.5%
北京光彩体育馆	1990	9932	3950	39.8%
北京月坛体育馆	1990	9959	2200	22.1%
上海虹口体育馆	1990	3479	996	27.8%
上海浦东体育馆	1990	8987	1400	15.9%
广州珠海区体育馆	1987	5700	864	15.2%
平均	—	—	—	22.6%

而单一空间又无法适应多样性需求，有时不得不采取一些后补措施满足使用需要，但效果往往不尽如人意。如深圳体育中心体育馆一层裙房的设计意图，基本是作为办公和技术设备房间使用，目前的经营内容有健身和乒乓球等项目。受原有空间大小的限制，健身房将外墙打掉向外扩出一部分，以满足摆放健身器械的需要，如图 5-25 所示；与此相反，二层数百平方米的休息厅却大门紧闭，里面空空荡荡，与一层的拥挤与繁忙形成鲜明对比。传统体育馆空间布局手法的沿袭是这种悖反现象出现的一个重要因素。为此，国内一些体育馆的设计逐渐在尝试运用新的思路来优化整体布局，以达到提高有效活动场地占有率的目的。

图 5-25　深圳体育中心体育馆健身房

以郑州大学体育馆为例。该方案设计首先从中小型体育馆的使用特点出发，针对我国大多数体育馆设计中使用的"室外—休息厅—比赛厅"的模式进行分析，认为对大型馆而言，观众集散时人流量较大，有必要设计一定规模的休息厅起到增加缓冲的作用。但对于中小型体育馆，仍采用这种办法就显得有些欠妥。原因有两个：一方面，中小型体育馆观众席较少，利用座席下面的空间设计休息厅很勉强；另一方面，中小型体育馆总建筑面积相对较小而功能用房并未因此减少，应尽量节省不必要的建筑面积，用于有效使用空间的扩大。节省出的面积可以另行组织其他活动空间，为形成复合化的功能布局提供条件。据调查，我国中小型体育馆休息厅面积一般都在 $600\sim1000m^2$。在平时没有比赛和演出活动时，这部分空间只能闲置；即使安排一些活动，由于空间形状（一般都是三角形或梯形空间）、平面布局及管理不便等因素，也对使用造成很大限制，难以得到充分利用。

基于以上分析，在郑州大学体育馆的设计中采用了简化观众流线、缩小比赛厅规模的设计思路。具体方法是，利用横向走道及设于支座内的疏散楼梯将人流从二三层观众席快速经休息厅疏散至一层屋顶平台，减少观众在休息厅的滞留时间。休息厅的功能得到简化，自然就有了降低面积规模的可能；而一层训练用房与其他附属用房的结合设计所形成的开阔屋顶，也为二层观众厅的人流疏散提供了方便。常规的设计方法是将疏散楼梯置于休息厅内，扩大了它的面积规模并延长了观众的疏散流线；而休息厅在没有比赛的大部分时间内却闲置无用，但供群众锻炼使用的小型空间却又难以满足需求，由此造成体育馆的资源配置不合理、使用率低下。相比之下，郑州大学体育馆的休息厅布局更为紧凑，节省了不必要的建筑面积；而节省出的面积则可以布置训练用房，减少了比赛馆的面积与投资，提高了体育馆的使用效率。另外，三层座席下的空间也可利用设置卫生间和少量服务用房，布局合理而流线互不干扰，也起到了减少休息厅面积的作用。方案还将二层观众席常规的固定座席设计成为可以伸缩的移动座椅，平时可以作为热身跑道使用。通过采用以上设计手段，使体育馆的场地面积率高达 70%（含训练房在内），比一般中型馆的 20% 高出两倍多，如图 5-26 所示。

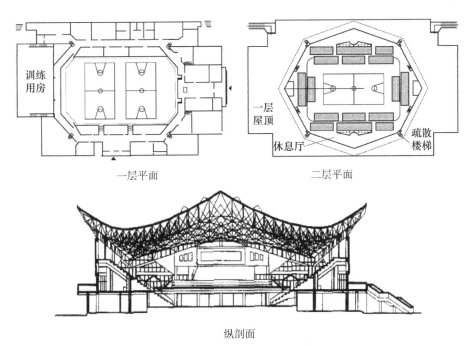

一层平面　　　　　　　　　　二层平面

纵剖面

图 5-26　郑州大学体育馆平面图和剖面图（一）

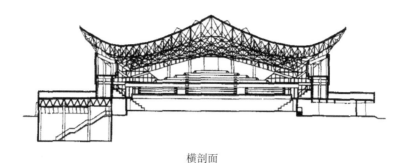

横剖面

图 5-26 郑州大学体育馆平面图和剖面图（二）

三、运用多元布局

多元布局是相对于单一布局而言。后者是将活动场地集中放置在同一空间中，空间构成上多表现为以比赛厅为主的单一布局。而多元布局是指在场地满足特定竞技比赛要求并具备多功能使用的前提下，将活动场地适当分散布置并组合在同一座场馆内的做法。它既可以一次建设，又可以分期分步完成，注重运动空间的积累，不过分强求其空间的大型化发展。这种对策比较适用于中小型设施的功能复合化；同时，优化整体布局思想的确立与方法探讨，也为运用空间多元布局创造了条件。

中小型设施受座席下空间资源有限的约束，多元布局是实现空间系列化的有效途径。在无特定比赛项目要求的情况下，过大的比赛厅往往会造成运动项目单一、场地利用不充分的缺憾。这也可以从目前有些场馆利用较大规模的比赛场地对群众开放使用中所出现的问题中得到反馈。以下是对部分场馆使用情况的分析，它们所反映出来的问题将有助于我们对分散布局的论证与实施方法的研究。

根据调查，大多数的体育馆或训练馆在对外开放使用中，都采取将场地划分为若干羽毛球场地的做法；有的还附加一些乒乓球场地。首都体育场是比较全面地将场地划分为六个网球场、20 余个羽毛球场及十余个乒乓球台、斯诺克等。从使用情况来看，场地尺寸约为 34m×44m，规模在 9～12 个羽毛球场之间的场地使用率比较高。虽然这仅是作为羽毛球项目使用的情况，但有一定的代表性。而一些场地规模比较大的场馆，即使在周末的高峰期也难以满员，场地平均使用率较低，见表 5-4。

国内部分体育馆场地租用情况调查表 表 5-4

场馆名称	场地面积	布置情况	租用情况	平均使用率
上海虹口体育馆	23m×42m	9 块羽毛球场地	周一至周五：60% 周六、周日：90%	80%
珠海体育中心训练馆	47m×48m	15 块羽毛球场地	周一至周五：50% 周六、周日：80%	65%
南京公园路体育馆	47m×48m	16 块羽毛球场地＋ 4 块乒乓球场地	周一至周五：40% 周六、周日：70%	55%

场馆名称	场地面积	布置情况	租用情况	平均使用率
上海国际体操中心训练馆	30m×42m	12块羽毛球场地	周一至周五：70% 周六、周日：90%	80%
朝阳体育馆	34m×44m	12块羽毛球场地	周一至周五：75% 周六、周日：90%	82.50%
首都体育馆训练馆	40m×88m	16块毛球场地	周一至周五：60% 周六、周日：80%	70%
首都体育馆比赛馆	33m×44m	12块羽毛球场地	周一至周五：60% 周六、周日：80%	70%
南京五台山体育馆	25m×42m	9块羽毛球场地	周一至周五：80% 周六、周日：90%	85%
浦东游泳馆	16m×34m	4块羽毛球场地	周一至周五：80% 周六、周日：100%	90%
广州市二沙岛体育馆训练馆	36m×44m	12块羽毛球场地	周一至周五：60% 周六、周日：90%	75%

注：周一至周五的租用情况以每日16时至21时之间计算＝S_1

周六、周日的租用情况以每日9时至21时之间计算＝S_2，平均使用率＝$(S_1+S_2)/2$

闲置的场地比较可惜，尤其是一些基本没有什么比赛的场馆，这种情况成为限制提高效益的瓶颈。经营者有意利用闲置场地进行其他活动，又怕损坏地板及在同一场地内不同项目的彼此影响，从而限制了多种经营。而空间多元布局使得各个空间相对独立，可以同时容纳不同类型的活动而互不干扰，空间高度也可根据需要有所变化。这样既拓宽了经营范围，又节省了资金与能源，还能够扭转活动内容单一的局面。例如，日本的中小型体育馆基本上由三个以上的运动空间构成，常见的是比赛厅、训练房、柔道或剑道训练室，场馆可以更加灵活地组织活动。日本茂原市体育馆便是其中的典型，建筑面积为7658m²，规模相当于我国的中小型馆，然而内部使用空间容量却非常大，包括一个场地为40m×18m的器械训练室及幼儿体育活动室等多种使用空间，练习房屋顶还设有门球场及休息广场，空间效益可谓发挥到了极致，如图5-27所示。我国上海浦东游泳馆，仅设单面座席，缩小了比赛厅空间，辅设的羽毛球、健美、健身、台球、壁球等项目虽然面积不大，却非常实用，利用率极高。然而，其经济效益甚至与游泳馆对外开放持平，如图5-28所示。

另外，中小型设施举办大型比赛的机会较少，座席规模较小，因此对比赛空间的要求无须一味求大，尤其是那些并非为举办国家级、世界级比赛而建的场馆，更没有必要以规模来彰显气势与地位。因此，场地规模应在满足特定比赛项目的前提下（如多功能Ⅰ型或多功能Ⅱ型），采用多元布局以主场地与若干子空间相结合的方式，使得每一部分的使用率大大提高。再者，采用多元布局还具有减少跨度、缩小投资、独立使用、互不干扰、可持续建设的优势，针对经济尚属发展阶段的国情，无疑是比较可行的设计对策。

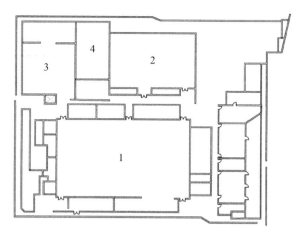

图 5-27　日本茂原市体育馆一层平面

1—主馆；2—练习馆；3—柔道馆；4—射箭馆

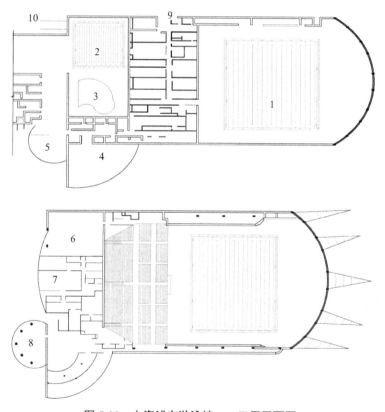

图 5-28　上海浦东游泳馆一、三层平面图

1—比赛厅；2—练习池；3—嬉水池；4—门厅；5—餐饮；6—羽毛球厅；7—健身房；
8—女子健美；9—运动员出入口；10—室外楼梯（通往二层观众平台）

对多元布局的运用也需要一分为二地辩证看待。这里要加以强调的是，由于容纳了较多的功能单元，不同空间的使用者形成了比较复杂的流线。因此，设计当中应当首先分析与预测各功能单元的使用特点和人群流量，根据这些结果合理布置、计算疏散通道和出入口位置、尺寸，尽量提高交通空间的利用率，防止人流过于集中或部分疏散通道、楼梯在平时使用中的闲置。同时，多元布局中各个功能单元相对独立，彼此牵制较小，也为人流疏散问题的解决提供了便利条件。

图 5-28 所示的浦东游泳馆，供群众平时使用的空间多集中在比赛厅的一侧，通过设置在门厅中的疏散楼梯、电梯并利用另一端比赛时供运动员使用的出入口，较好地解决了二～四层的人流疏散问题，同时避免了赛时专用通道的闲置。当举行比赛而人流量较大时，门厅与供观众使用的室外楼梯共同解决观众厅的人流疏散。在实际使用中，门厅确实表现出比较高的利用率，在整个建筑中体现出了重要作用。

当然，以上论述并不是对单一布局的否定。某些场馆采用单一布局，属于城市或地区体育设施网络中的必要配置（如首都体育场是作为国家冰上训练基地的设施之一，承担着一定的比赛和训练任务）。笔者想要说明的是，单一布局相对于多元布局而言，主导空间场地规模较大，观众席数量相应较多，常用于大中型场馆。并且，它主要承担着举行较大规模比赛的职能，而这是采用多元布局的中小型设施所不具备的。同时，不能简单地将两种布局方式对立而论。因为，单一布局的场馆在进行功能复合设计的过程中，也会使用多元布局的设计思路。从体育综合体建设网络化、层次化的角度来看，两者归属于同一地区设施网络中的不同层次，是对不同需求的分别应对，而网络功效的发挥则有赖于它们的协同与互补。因此，沿多元布局与单一布局并重、各施所长的方向发展，是完善城市体育设施网络值得尝试的思路。

四、利用余裕空间

大型运动综合型体育综合体一方面需要设练习场地，供比赛前热身使用；另一方面，鉴于举办正式比赛活动的频率相对较低，为了可以容纳一些规模较小的活动而又不至于对竞技区的能源造成浪费（从耗电、采暖、管理等日常维护角度而言），也需要设置若干小空间满足日常利用。同时，由于大型运动综合型体育综合体座席多，座席下空间大，有可能布置一些比较适宜的活动空间。法国贝西体育馆、亚特兰大佐治亚体育场、法兰西体育场、横滨国际体育场等，均不但利用四周看台下部安排了体操、球类、游泳等练习空间，还布置了报告厅、展览、会议、餐厅、酒吧、零售等设施；不仅使座席下空间得到了巧妙利用，更丰富了场馆的功能，如图 5-29 所示。

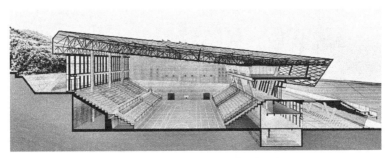

图 5-29　余裕空间利用实例（一）

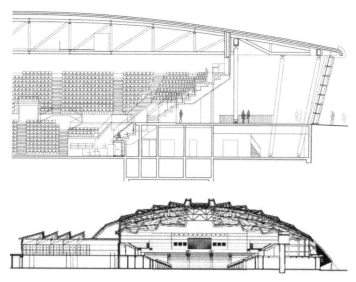

图 5-29　余裕空间利用实例（二）

　　而我国目前同等规模体育场馆利用上的矛盾突出表现为空间构成单一，多数是一个比赛厅或比赛场附属一座训练房，没有更多的体育活动和娱乐空间可以利用，对扩大经营范围、提高设施利用率造成了一定束缚。因此，虽然近年来国家相继出台了相关法规，促使各地比赛场馆陆续向群众开放，但由于主要使用的是竞技区空间，消费者无形中要负担与使用不相干的观众席和大量辅助设施的折旧费用，导致收费过高。由此造成群众体育仍旧是场地匮乏，而竞技场馆利用率却总是提不上去的悖反现象。针对这种情况，大型运动综合型体育综合体的功能复合化应该在进行比赛场地多功能设计、扩大比赛使用范围的同时，挖掘场馆余裕空间的潜在价值，利用已有的围护结构进行深化设计，创造多元空间。如改建后的上海虹口足球场利用面向城市道路一侧的看台下空间，从下到上分别布置了商业服务、台球室、乒乓球活动室、羽毛球网球场地等。内部装修也非常简单，顶层的羽毛球场地柱子与顶棚混凝土直接暴露，反而增加了空间的特点与趣味性，如图 5-30 所示。由于利用了看台，建筑造价虽有所增加，但比其单独建设同等规模的体育馆或训练房仍节省了大量资金与用地。对于地处城市繁华地段的体育设施，较好地解决了平赛利用的矛盾，应该算是一种有益的尝试。

图 5-30　上海虹口足球场的羽毛球场地

目前，我国体育综合体余裕空间的利用应该着重考虑以下几个方面：

1. 选择利用

应根据对内外部因素制约的分析，确定余裕空间的开发程度。如珠海体育场与广东省体育场相比较，珠海城市人口较少，体育设施利用率相对较低，并且珠海体育场与体育馆、游泳馆相邻，有比较充足的活动场地，无需对余裕空间进行二次设计。而是利用体育场尺度大的特点，开辟了高尔夫球练习场，因为收费合理、利用方便，市民乃至部分澳门居民常常来此消遣、娱乐，如图 5-31 所示。

图 5-31 体育场平时作高尔夫球练习场

广东省体育场鉴于建筑等级、多种经营及未来周边地区的发展前景等因素，充分利用看台下空间分层设置了开放式写字间、展厅、包厢（平时作为客房出租）等，并用落地窗将外部自然环境引入室内，大大提高了写字间及展厅的环境质量，提高了招租的吸引力，如图 5-32 所示。

图 5-32 广东省体育场余裕空间外观

2. 取舍有当

这也反映出环境效益对复合度的制约。如虹口体育场采取两边看台不对称布置，面向城市道路一侧的座席数量较多，下部空间较为高大，有利于开发利用；而面向鲁迅公园一侧，为了与周围宁静、优雅的环境氛围相协调，观众席排数相应减少，看台下空间高度降低，未安排其他用途，这就大大减少了平时的人流量，有利于和对面的草坪、树林、池塘形成和谐一致的环境氛围，如图 5-33 所示。

图 5-33　从鲁迅公园看虹口体育场

3. 创造条件

对于中小型的体育场馆来说，座席下空间相对矮小，利用起来比较困难。因此，可以采取集中布置看台的方式扩大空间尺度，为开发利用创造有利条件。如上海闸北体育场规模只有 2 万座，如果交圈等排布置座席，看台下可利用空间分散且内部交通过长，不宜采用。设计者将多数观众席集中在东西两侧布置，南北两侧仅设少量座席，以增强场地的围合感，不但争取到数千平方米的可利用空间，而且也使多数座席位于视觉质量优质区，如图 5-34 所示。

图 5-34　上海闸北体育场座席布置

4. 分设流线

对于大型体育场来说，余裕空间中一般设有通往观众席的楼梯、包厢、会议室、商业服务、群众锻炼、宾馆等具有不同使用主体的设施，流线复杂，如图 5-35 所示。

对于其中同时使用的设施，可以通过使用平面和立体相结合的方式，做到各功能相对独立、互不干扰。如上海源深体育中心通过专用疏散楼梯，将宾馆人流疏散到体育场的二层休息平台，再转至地面。疏散楼梯与电梯组成的交通核面积较小，对平台上观众的疏散并无太大影响，如图 5-36 所示。广东省体育场为三四层的写字间、展厅设立了专用的螺旋楼梯及电梯。观众通过室外大楼梯或设在挑棚支柱间的楼梯间，直达二层和五层的休息厅进入看台。

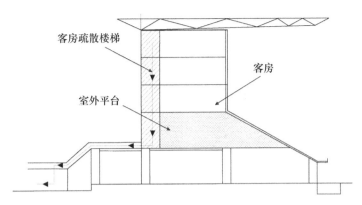

图 5-35　大型体育场的余裕空间利用

图 5-36　上海源深体育中心

5. 采光通风

大型体育设施座席数量多，看台下空间进深较大，空间布局应该考虑如何尽量利用自然采光、通风。悉尼奥运会主体育场在东西两侧看台下空间的中部设置采光中庭，不但利于气流循环，同时使用计算机控制节气阀来保持室内温度相对稳定。而且与传统的设计方法相比，不但可以节能 30%，还可以减少排放 37% 的温室气体，如图 5-37 所示。

图 5-37　悉尼奥运会主体育场（一）

图 5-37　悉尼奥运会主体育场（二）

五、竞技空间多义

竞技空间的功能转换是体育设施群众化使用的一种重要方式，这里主要是从功能效率的角度来看。对于体育综合体来讲，场地的多功能使用研究已经囊括了这一点，并在前人的努力探索下取得了为学术界广泛认可的研究成果，如梅季魁教授所著《现代体育馆建筑设计》一书，即充分体现了对比赛场地多功能使用问题的认识与创新，在此不再做赘述。下面，本书试着从游泳馆的使用方式，来谈一谈由群众体育活动的多样性、层次性等特点所引发的竞技空间多义及与之相关的问题。

竞技游泳馆的群众化使用应属于竞技功能与群体功能的转换。从目前来看，这种方式具有相当的普遍性，如北京奥林匹克体育中心英东游泳馆、上海浦东游泳馆等。毕竟像深圳游泳跳水中心那样功能分化的复合方式，需要以一定规模的经济投入作为物质保障。因此，我们认为在进行空间多元布局研究的同时，不应放弃对与多功能使用相关问题的关注，竞技空间多义即属于此类范畴。它可以从以下两个方面来理解。

1）竞技与群体两种使用方式的特点不尽相同。观看比赛是人流短时间内大量集中的活动方式，观众的使用需求基本相似。游泳馆使用的主体是运动员与观众，比赛是空间内发生的主要行为。而平时对社会开放使用则表现为人流分散、密度不均、要求各异，活动方式和内容具有多样化、个性化的特征，对空间布局、氛围、尺度等有着区别于比赛使用的要求。两者的比较可参见表 5-5。因此，体育场馆要具备满足两种要求的应变能力，同时兼顾才能获得较好的使用效果。

两种使用方式的比较　　　　　　　　　　　　　　　　　　　　表 5-5

使用方式	使用主体	行为模式	空间氛围
竞技功能	运动员与观众	竞技行为——主 观演行为——次	有利于运动员状态的发挥，创造佳绩
群体功能	群众（中年人、青年人、妇女、儿童、老人）	多样化（锻炼、休闲娱乐、轻松、快乐、激发、交往等）对辅助设施的使用要求及频率增加	轻松、快乐、激发促进交往行为的发生

2）竞技与群体两种使用方式之间存在互动关系。竞技设施提升了环境的技术标准，为群众参与使用奠定了较好的硬件基础，这成为吸引人们前来消费的"亮点"。而决定设施吸引力大小的因素还包括环境的舒适度，是否具有休闲轻松的氛围及比较完善的配套服务设施，包括比赛厅内的色彩、布局，休息厅的配设，更衣室的大小，餐饮是否方便，甚至淋浴的水温，服务人员的素质、态度等有关管理方面的内容。基于两种因素相结合的设计，使人们既能享受到品质优良、服务规范的健身环境，又能获得放松心情、享受休闲时光的身心满足。如上海静安体育中心和杭州游泳健身中心都拥有符合国际比赛标准的游泳池及先进的双循环水处理设施。两者在高起点的基础上又完善了配套设施，杭州游泳健身中心二层的休息厅让人们运动之后可在此小憩，喝点饮料、吃些食品，享受一下娱乐之后的喜悦或索性在楼下的美食城饱餐一番。而静安体育中心游泳池的阳光、人造草皮、阳台等，无一不反映了设计者对自然化、休闲化空间氛围的追求与对使用者的人文关怀。这里以主导空间的多义，实现了从竞技功能到群众功能的微妙转换。另外，游泳馆的群众参与使用使其融入人们的生活，成为娱乐活动的载体和社会交往的场所，这些都赋予竞技设施以活力和生机；并逐渐演变为具有特殊意义的城市空间组成部分，从而实现竞技体育与群众体育在体育综合体当中的良好互动。

与之相反的实例，则从另一方面向我们说明了两者互动关系的重要性。位于某市繁华地段的一个游泳馆，拥有一个标准泳池，虽然水质良好，但由于配套设施较差，甚至锻炼完毕后不能保证有足够的洗浴时间。游泳馆内没有设置休息厅，更衣室的条件更是让人难以获得体力消耗过后急需的休憩，来过这里的消费者普遍反映整个锻炼过程急促而紧张，感觉像在进行军事训练，完全没有休闲、娱乐的意味，又怎能激起人们再次消费的兴趣呢！这里虽然列举的是行业游泳馆的例子，但在对群众开放使用中所反映出来的问题与其他竞技场馆具有一致性。

因此，群众体育功能的融入，不能简单地理解为在原有竞技设施设计模式基础上多加一些空间、多布置几间房子或敞开大门供群众使用等浅层设计行为；而应以消除竞技比赛与群众使用之间的壁垒，实现两者的自由转换与融合为基本理念，并辅以一系列设计对策的实施，让人民群众轻松就能享受到体育与休闲的快乐。

第三节 体育综合体空间设计的要点

一、总体规划布局设计

1. 统筹内外场地的整体布局设计

（1）体育综合体的主要内容包括竞技体育、群众体育和与其相关联的商业空间以及配套的休闲娱乐服务空间，这些都是体育综合体的运转的主要空间。主要场馆设施有主体建筑部分和室外部分。其中，主体建筑部分主要有室内球类训练场地、器械训练空间、水上健身空间和棋牌娱乐设施等；室外活动场地主要有训练场地、室外活动广场和健身路径等，主要满足人们自由活动，比如跳舞、老年操、少年轮滑等运动项目。配套服务空间有餐饮、购物、办公、居住和展览展示等。

（2）体育综合体的次要内容包括存储间、车库、后勤供应部分、卫生间及景观休息等区域，次要空间的设计要根据设计任务书的具体要求合理配置。

2. 基于平赛结合的交通流线设计

由于体育综合体的聚集与复合，减少了不同单一建筑间的无效流动，从而减轻了对城市的整体交通压力，但同时也会因为聚集效益的吸引而增加人和车的流动，造成一定的交通压力。因此，如何科学解决体育综合体空间设计的交通流线设计，便成了体育综合体空间设计必须考虑的主要因素之一。体育综合体交通流线设计的内容包括各个功能的使用者以及货物从城市各地以何种交通方式与接口到达或离开基地，并如何通过基地到达或离开建筑内部各功能空间。在整个过程中，人、车、货流动的流线、流程及设施安排都需要进行整体设计。根据前面的分析和体育综合体交通组织的规律，交通流线设计一般可分竞技体育的赛时使用和群众体育的平时使用两种情况。

（1）平时使用。体育综合体在开展群众体育时，人流主要为参与体育锻炼的人群和工作人员。参与体育锻炼的人群的流线应当简洁明了，其主要出入口应设置明显，方便人们到达，一般情况下人流应该首先到达体育综合体主入口广场，然后进入体育综合体内部。体育综合体包括室内场地和室外场地，室内场地可直接进入。室外场地的到达则有两种情况：一种是人流直接到达，即锻炼者通过室外广场和通道直接进入室外训练场地；另一种即参与锻炼的人们先进行室内更衣、器械训练等前期活动，再到室外场地进行锻炼。此时，就应考虑室内场地和室外配套场地的联系，在流线上应该使参与健身的人员能够顺利到达。工作人员流线应尽量避免和顾客流线交叉，故宜设置专门的工作人员出入口。

车流和人行流应当适当分开，停车场的设置应该考虑方便人群到达体育综合体的主要出入口。体育综合体配置地下停车场时，宜在停车场内设置直达综合体内部公共大厅的楼梯，方便人员到达。

（2）赛时使用。体育综合体在开展竞技体育的比赛活动时，经常会出现瞬时人流增大，平时的停车场地及建筑出入口均无法满足赛时的流线要求，此时应对运动空间及配套空间进行适当调整。赛时人行流线比较复杂，包括运动员流线、观众流线、媒体记者流线、贵宾流线、工作人员流线等。此时，可将室外场地临时管制，观众主要集中于主要出入口广场，运动员可通过训练场地的次入口进入，其他各种流线可通过疏散通道解决。室外运动场地除满足运动员赛前训练外，可临时转换为停车场，缓解停车压力，解决车行问题。

体育综合体除提供体育健身和业余比赛功能外，往往还包含很多附属功能，比如与体育功能相关的体育培训、体育彩票销售、体育用品专卖以及体育主题餐饮等，还有与城市其他公共服务相结合的办公、居住、商业和文化等功能，都需要根据不同功能空间设置相应的独立出入口，以避免不同流线相互交叉，造成相互干扰和影响。

3. 结合城市规划的平面布局设计

体育综合体是城市公共建筑的一个重要组成部分，对城市形象和城市发展有着深刻的影响。目前，我国建设用地正呈现逐年紧缩的趋势，城市建设用地非常紧张；而我国的体育综合体却面临着快速发展时期，对如何选择适合体育综合体发展的布局方式显得十分重要。我们通过分析分散式、聚合式、多中心式、外围式、网络式、联合式等城市平面布局设计方式的优缺点，从而找到确定体育综合体平面布局设计的最佳方式。

（1）分散式布局。它既可以满足不同功能间的独立性，又可以满足局部功能间的互相促进。对于大型体育赛事来说，这种过于分散的布局方式会给运动员和观众带来不便，也会对城市交通造成压力。但是对于大众娱乐健身来讲，分散式的布局设计占用土地资源较少，配置灵活，而且便于均匀分布在城市中心团体内。所以，这种模式可以充分满足群众的使用需求，方便群众在居住区、办公区附近随时随地通过体育设施进行体育运动。

比如，日本的体育中心或社区俱乐部建于距离社区步行半径区不超过15～25分钟。另一个典型的例子是1968年墨西哥奥运会总体规划，采用分散式布局将场馆分散在城市之中，再通过高速公路连接体育设施，使其成为有机的整体。

（2）集中式布局。这种设计方便运动员参加体育比赛和观众观看比赛，还能够在一定程度上缓解由于人员的流动性造成的交通压力；同时，对基础设施的集中建设也节约了造价，是举办大型赛事的常见布局形式。这种模式具有对城区中心区进行大规模的更新潜力，有利于将经济活力引向城市中心，促进城区发展。但是，这种布局方式需要大规模征用土地，灵活性差。对于选址于土地价值较高的中心区的体育综合体而言，需要增加大量投资，而且容易对传统区域造成破坏，从而对居民生活形式带来一些负面影响。

比如，1976年蒙特利尔奥运会主场馆位于梅宗涅夫体育公园，如图5-38所示，总投资12亿美元，由于投资规模超预算，导致投资追加，直至1992年才偿清负债。

图 5-38　蒙特利尔奥运会主场馆

（3）多中心式布局。对于赛事的举办，大部分场馆位于城市中心区，其他场馆分布在城市各大区之间，能够促进城区的发展。此外，在征用土地方面相对灵活，有利于促进城市交通的发展。这一模式是公认的比较节能的城市布局形态。

比如，1992年巴塞罗那奥运会场馆的多中心集群式布局是根据巴塞罗那城市特点实施的，如图5-39所示。它以城市内部体育建筑为主要区域，同时利用分布市区的体育设施来进行开闭幕式及竞技比赛。这不但是将奥运中心的聚集效应发挥的典范，而且利用了奥运会契机对城市基础设施进行整体改造并新建部分设施，更新了城市功能的同时也促进了城市的发展。

图 5-39　巴塞罗那奥运会主场馆

（4）外围式布局。这一模式适用于人口密度大、迫于发展压力的中型城市，便于征用大量土地，建设过程中对城市居民影响较小，有助于在城市外围形成新的发展区域。由于它重新建设连接了新老城区的交通体系，从而有效带动了城市内居民的交通活动，有利于推动促进城市的扩张。但是，开发的费用相对较高，对环境会造成一定的破坏。

比如，1988 年汉城奥运会的总体规划将主要场馆放在了汉江南岸，如图 5-40 所示，使当时的汉城南部地区凭借奥运会的开展而得到城市基础设施的发展。在奥运会开始之前，政府通过调整新老城区的交通系统，从而促进了城市的发展。

图 5-40　汉城奥运会主场馆

（5）网络式布局。这种模式的规划范围相对较大，有助于构建多中心的区域城市网络，通过形成自给自足的卫星城市与周边城市进行交通系统和老城区连接。但是，由于开发成本高、比赛场馆相对偏远，给组织和管理造成不便，不利于举办大型赛事，也不利于赛后的利用。

比如，1996 年亚特兰大奥运会为了追求经济和高效，投入了大量资金建设城市的基础设施，并强调过度的商业化运作方式。规划时没有建设集中宏大的奥运中心场馆，而是采用 10 座新建体育场馆以及大量临时设施，在运行过程中面临交通混乱、比赛场地简陋等诸多问题。

（6）联合式布局。这种模式将集中场馆选择在两个正在发展的城市之间，有利于开发连接两座城市的快速公交系统。但是，由于场馆远离现有城区，投资费用高、利用率低的消极问题会逐渐显现出来。

比如，2000 年悉尼奥运会，澳大利亚将大部分的比赛场馆集中设置于悉尼市，其他运动场馆则大体上集中在霍姆布什湾。位于霍姆布什湾的奥林匹克公园是主要场所，包括了千禧年公园、双世纪公园、牛英顿奥林匹克村和奥林匹克公园四部分，如图 5-41 所示。

图 5-41　悉尼奥运会赛区布局

二、功能空间设计

1. 反映复合程度的空间组织设计

（1）单体式布局叠合。一般用于基地比较紧张的情况。根据体育综合体复合程度的不同，可以采用以下几种方式：

1）基座式。如图 5-42 所示，一般是将体育馆或游泳馆置于由其他功能单元组成的基座之上。这种方式虽然比较节省用地，但是带来一层房间采光、通风、观众流线过长等问题。建议在场地规模小、面积不大、上述矛盾不太冲突的情况下，考虑使用。

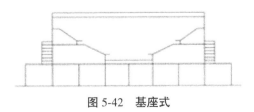

图 5-42　基座式

2）多层式。如图 5-43 所示，分多层布置不同功能单元。通常是将大空间放在顶层，其他功能单元分布于下层。这种分布方式需要注意的是，把有大量观众的比赛设置放在上部时，人流的防火疏散问题需要给予特别的重视，如上海静安体育中心。如果疏散方式及路线比一般的场馆复杂，会导致疏散时间延长，所以应符合《体育建筑设计规范》JGJ 31中的相关规定。

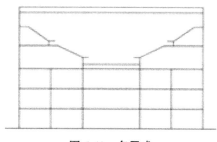

图 5-43　多层式

3）聚合式。如图 5-44 所示，体育场馆的裙房围绕主导空间呈聚合状态分布，其中分设不同用途的功能单元。这种布局方式的主要特点是：主导空间突出，主从关系分明，各功能单元之间的联系比较紧密。当空间进深较大时，可以采取增设小型庭院的方式来解决房间的采光、通风问题。

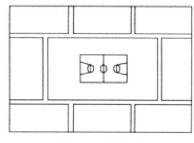

图 5-44　聚合式

（2）组群式布局。根据前文对建筑综合体的阐述，体育综合体组群式布局应该有两种情况：一种是由若干竞技功能的体育设施组成；一种是由一项或多项具有竞技功能的体育设施与其他类型的建筑组成，如体育与会议展览相结合的体育中心。它们的布局方式有以下几种方式：

1）并列式（图 5-45）。通常由多个功能的建筑单体组成，占地较大，各部分相对独立，使用方便，有利于争取良好的采光、通风条件，是比较理想的布局方式。如日本藤泽市民体育馆与包括训练在内的附属建筑并列设置，两者通过一个入口大厅相联系，后者还容纳了各种练习房、会议室、柔道场和体操馆等。平时，体育馆与训练馆独立使用，管理较为方便；比赛时，运动员通过大厅的通道由训练房进入比赛厅。入口大厅的屋顶同时作为体育馆观众室外疏散平台。此外，对于规模较大、用地宽裕而一次性投资建设较难的项目，也可以采用并列的布局方式，利于分期建设。如深圳宝安体育中心设计方案，其中 1 号方案把体育中心作为一个城市综合体，将比赛、休闲、娱乐、商业、公园相结合。若一次性投资，可形成较好的聚集效益，但又因整体性太强给分期建设带来了困难，成了落选的一个主要原因。

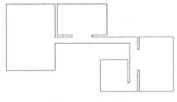

图 5-45　并列式

2）层叠式（图 5-46）。组群建筑中的一座或多座建筑采用多层布局，并且通过连廊等方式联结，具有节省用地的特点。比如，日本经文体育中心一层布置比赛大厅，二层布置游泳池、会议室，三层布置练习区、储藏室，四层布置剑道室和柔道室。这样，整个建筑体型显得错落有致，由天窗照亮一系列巨大的室内空间，大方且美观。

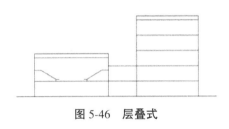

图 5-46　层叠式

3）交叉式（图 5-47）。体育场馆与其他大空间建筑交叉布局，重叠部分成为两者的公共用地。它可以是具有灵活功能的空间，也可以是设备、服务用房。如日本山口县综合民艺馆的平面布局采用体育馆与剧院的十字交叉布局方式，在重叠部分形成中庭并设置部分办公、服务用房。

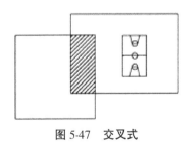

图 5-47　交叉式

4）围合式（图 5-48）。不同的功能单元按照一定的方式呈 U 形或口字形排列，围合出庭院、下沉广场等内向型室外空间，比较适合用于规模不大但功能较为复杂的综合性建筑，有利于创造尺度亲切宜人并具有一定私密感的外部环境。

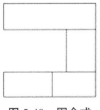

图 5-48　围合式

上述几种情况仅是比较常见的多元化空间组织方式，在实际创作中要结合设施的功能结构、复合度、环境、用地和资金等内外部条件进行选择，综合和创造性地运用。

2. 基于功能空间转换的动态设计

空间构成多元化和复合化是满足多样化需求的必要措施。随着体育设施功能的增多，比赛项目和大众健身锻炼、大型演出和商业娱乐、团体活动和个人活动的标准规模及使用方式的不同，所以无法集中在一个空间来完成，更不可能投入大量资金单独区分空间功能。为了解决这一系列问题，需要从单一走向多元化的空间组合。只有这样注重功能空间的动态使用、合理利用空间，才能获得最大的效益。

（1）利用剩余空间。这是指将体育空间中用于体育功能外的剩余空间进行功能划分，从而提高空间的利用率。由于举办赛事的时间相对日常活动较低，为了容纳小规模的活动而又不对竞技区的能源造成浪费，需要设置小型空间来满足平时的使用需求。同时，由于大型场馆的座席多，座席空间下空间大，还可以利用这些剩余空间来举办小型的活动空间。新西兰 Chase 体育馆是为联邦运动会和 Selwyn 大学共同使用而建设的，如图 5-49 所示。由于赛事比较少，为了提高利用率，在二层观众席下形成了一个 12m×42m 的矩形空间，净高 4m 左右。由于空间开敞又有自然采光，可以用作乒乓球、体操、健美等多种用途。针对我国体育场馆大都在空间构成方面单一，没有过多灵活使用空间来提高空间的利用率这一问题，大型体育场馆的功能复合化应该在比赛场地设计的同时，考虑到剩余空间的规划创造多元空间，解决空间功能高效使用等问题。

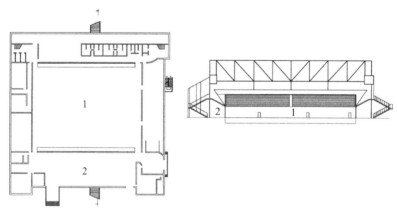

图 5-49 新西兰 Chase 体育馆
1—比赛厅；2—休息厅

（2）空间功能转换。竞技空间的功能转换是体育设施群众化使用的一个重要方式，通过利用相应技术措施来转换场地的大小、形状、质地甚至标高等，以灵活、多元化为使用要求。它通常与座席的变化相统一，并结合新技术、实现和场馆规模等方面进行整体操控，比如使用座席的推拉来改变场地的空间变换。

这种综合利用方式在体育馆中比较常见，在体育场并不多见，但亦有成功的案例。比如，1998 年法国世界杯足球赛主赛场法兰西体育场，是以举办足球比赛为主的场地，由于它的下层看台（2.5万座）可以移动（图5-50），只要把下部和中部之间的平台降下去，下层看台就可向后15m，就可露出田径跑道和跳跃运动场地，但座席数会相应减少5000个。此外，通过下层看台的移动也可转换为橄榄球比赛场地和演唱会等演出场地。法兰西体育场作为法国的"国家体育场"，并不是某个法国足球甲级联赛球会的主场，而是法国国家足球队的主场。除了世界杯足球赛，还举办过世界田径锦标赛、欧洲冠军联赛决赛等赛事。

图5-50　法兰西体育馆

伦敦02体育馆的灵活性使其有能力举办大型体育赛事（图5-51），包括2009年世界艺术体操锦标赛以及2012年奥运会体操和篮球赛等，如图5-52所示。

图5-51　伦敦02体育馆效果图、剖切图

图5-52　伦敦02体育馆艺术体操

它的设计主要基于末端式舞台的音乐演唱会功能，如图 5-53 所示，同时兼顾场馆的灵活性、极佳的观众舒适度和观看其他体育娱乐活动的良好视野。为了在举办音乐会时增加场馆内气氛，上层观众席和包厢采用马蹄形，从而将观众的注意力集中到舞台上。为了使场馆能够举办多样化、高要求的赛事和活动，赛场地板和看台的设计采用一种永久性冰面底层结构，同时结合可拆卸、可伸缩的座位系统，从而可在一夜之间转换场内活动模式。还值得引人称赞的是，其机械装置的维护车占地 $9290m^2$，能够同时容纳 9 辆带挂卡车直接进入赛场或通过卸车台卸货，再加上通往馆内另一端舞台的附加通道，使得该场馆可以灵活举办活动并快速转换场地。

图 5-53　伦敦 02 体育馆音乐会

（3）空间灵活分离。这是指运用灵活的隔断将规模较大的整体空间分割成若干相对较小的使用单元，以求实现体量变化和同时举办多种活动的目的。

事件型体育设施的使用在赛时和赛后的人流量上变化很大，在场馆的日常运营中不需要大规模的体育场地。为了提高场地利用率，就需要场地可以同时进行多种活动。灵活分割空间实际上是将场馆空间当作一个可分可合的空间进行处理，这个空间又可以在赛事或活动需要时灵活组成多个子空间。因而，这种空间使用方式可大幅度提高场馆空间的利用效率，满足使用者的高效需求。

比如，德国汉堡体育馆平面为矩形，在空间使用上矩形空间又通过 3 条竖向的活动隔断将比赛空间划为 4 块，使用时可以进行多种组合，可以是一大一小两个场馆或两个中等大小的场馆等。

（4）空间的通用与公用。空间的通用存在于功能复合化的体育设施内，是强化比赛空间的多种活动的适应能力、提高空间的兼容性的一种布局方式。这种布局方式能够充分调节相邻空间的建筑布局，强调能够彼此都能承办对方的活动。这是一种有效发挥空间潜力的设计手段，关键在于寻找灵活性与经济性的最佳契合点。伦敦大学巴莱特建筑学院的彼得·科恩通过实践证明，空间可容纳功能的多少与其规模大小并非成正比关系。

例如，具有展览功能的空间临近具有体育功能的空间进行布置，使两者都具备对方的活动能力，在其中一方需要扩大使用面积的时候，另一方就会相应地满足其要求。德国奥尔登堡 EWE 体育馆是 Weser-ems-Halle 展览中心的主要组成部分，主要用于举办当地职业篮球联盟和手球队的常规比赛。除此之外，还可举办音乐会、展销会、展览会等活动，甚至一些古典音乐演唱会也曾在此举行，如图 5-54 所示。

图 5-54　德国奥尔登堡 EWE 体育馆

2005 年建成的意大利都灵冰球馆的比赛厅是一个通用的矩形空间，可以满足冰球、体操、田径、游泳、展览、集会等多种功能的使用要求，空间通用实现了一馆多用。虽然在建筑的一次性投入上资金会有所增加，但从长远来看是符合建筑可持续发展的。

（5）城市开放空间功能利用。开放空间是指城市公共建筑的外部空间，在人口稠密的城市中，开放空间的充足利用可以增加大众与自然接触的机会。它一般是利用较大规模的综合性设施的室外空间及街区，如停车场和道路或者广场布置相应的健身设施，可以很好地满足社会大众的体育运动需求。例如，日本神木寺町体育场是连接新老城区的纽带，它在室外平台建立机会交流场所；另外，在室外的预设构件中增加了室外场地的可变性，因而在不同时段都可以使用。

3. 结合其他功能空间的复合化设计

多元综合是指多个不同功能的空间，在一定条件下可以彼此连通、共同使用且不影响各自的独立运行。其本质是通过不同功能的相互结合，扩大各个空间的最大使用效率，实现协调互补、共同发展。因此，体育建筑不只限于不同体育功能的结合，更可以在分析周边经济和社会环境的基础上确定适当的规模，以及选择合适的城市功能与体育建筑结合，才能最大限度地实现资源共享、优势互补，发挥群体效应的优势。

（1）与社区相结合。社区体育建筑的特点是具有便利性、可达性和灵活性。社区体育馆的服务对象为社区大众，功能上除满足体育健身要求外，还要能够符合文艺、集会和训练的多功能需求，兼备休闲、娱乐及服务空间。

强调可达性的体育建筑可以在整个城市区域范围内形成的建筑网络中构建重要的节点。它除了在旧的区域增加体育设施外，还有一种是在新建区域内规划体育设施布置。在原有体育建筑的基础上对部分建筑或场地进行合理改建，达到解决社区体育活动场地匮乏的目的。而在新开发的居住社区中，体育建筑的布置往往都比较灵活，可以根据国家的建筑规模标准及大众需求情况做好配套。我国广西壮族自治区在社区体育设施建设上，根据政府规划按照体育功能需求设置运动场地，按照文化功能需求设置观演场地，并把文化类的农家书屋、卫生类的卫生室、科技类的科技室、广播电台等整合在一起，建设综合楼，将体育、教育、文化、广电、科普功能全都规划进了农村社区公共服务中心里，既集约资源又便于管理和提高设施的使用率。

　　而在我国台湾地区的社区建设中，把社区体育设施的规划分为辅助用房和空间。其主要特点就是除了体育设施规划外，强调阅览室、游戏室、社区教室等非体育的功能用房的建设，并包括一些服务性质的商业策划。台北市各个地区已经建成了六七个社区运动中心，如图 5-55 所示。

图 5-55　我国台湾地区社区运动中心

　　（2）与商业中心、文化中心相结合。在竞争日益激烈的市场化经济体系中，体育建筑一方面为了满足大众的多方面需求，另一方面要顺应经济的发展，强调经济效益。所以，体育建筑业需要在满足体育功能之外与周边公共设施进行复合，加入娱乐、休闲、餐饮、展示、办公、教学等功能，将单一的商业环境转化为功能复合的体育综合体建筑，以满足大众需求，寻求更大的经济效益。

　　美国建筑师 Ellerbe Becket 设计的西部体育场，如图 5-56 所示，不但是 NBA 太阳队的新主场，而且是凤凰城的活动中心。它靠近一个会议中心，位于 CBD 的南边，可举行篮球比赛和音乐会，设有餐厅、办公空间等。为了和城市空间相融合，使体育场不仅仅是体育活动的场所，建筑师将餐厅主入口和城市主干道相连，设计了一个小型的城市广场并做了景观处理，共同服务于观众和周边市民。

　　（3）与公园相结合。体育建筑与公园中的各个元素相结合，元素包括绿地、湖泊、树木等，旨在为了满足大众追求自然和生态。不但拓宽了体育建筑的功能范畴，还迎合了当代人们休闲、健身和娱乐一体化的现代生活价值观念。

　　体育公园是一种新的公共活动建筑，不但可以使人们大众参与，还可以丰富大众优美的视觉画面。其环境构成元素相对于常规的体育设施来讲更为多样，从休闲娱乐到景观小品，形成多方位的功能体系，充分体现出功能复合在室外空间设计的优越性。

图 5-56 美国西部体育场

比如，德国慕尼黑奥林匹克公园利用地势的起伏，如图 5-57 所示，将体育设施设计与周边环境相结合；加之，人工湖和大量曲线的草坡营造出来的园林气质，形成了有山有水、有草有木的体育公园。现在，我国一些一线城市也相继提出了体育特色公园的概念，并且列入了当地经济和社会发展规划内。比如，北京此前提出"十二五"期间在龙潭湖、朝阳公园、顺义区规划的体育公园，要求将城市环境、园林设施、健身设施和绿地结合在一起，促进人和体育、体育和城市的和谐发展。

图 5-57 德国慕尼黑奥林匹克公园

（4）与交通系统相结合。目前，许多类型的建筑综合体都具备了城市交通枢纽的职能，它们将地铁站、轻轨站、公交站点等结合建筑底层空间功能进行设计，以促进体育综合体与城市交通网络相结合，来增加自身的聚集效益。这不仅遵循了体育综合体的聚集效益，也遵循了集约化的发展模式，最大限度地利用土地和资源，同时也为其带来了更多的人流和商机。同样，在设计过程中也要严格遵循建筑设计规范，避免因为安全及交通流线不合理而造成不良影响和损失。

第六章 体育综合体的商业模式

商业模式是一种商业逻辑，包括融资模式、管理模式、盈利模式、收入模式、生产模式和营销模式。体育综合体作为一种商业平台，属于商业地产范畴。其商业模式主要包括融资模式、经营模式、盈利模式和风险管理。

第一节 体育综合体的融资模式

体育综合体融资模式是指在体育综合体投资运营过程中，为了筹集建设资金与经营管理资金而采取的融资手段及方式方法。体育综合体的融资按照资金来源，可以分为政府资本投入模式、社会资本投入模式和公私合作资本投入模式。

一、政府资本投入模式

政府资本投入模式是指政府为实现一定的产业政策和其他政策目标，强化宏观调控功能，以政府信用为手段直接或间接地筹集资金，由政府统一掌握管理并根据国民经济和社会发展规划，采取投资或融资的方式，将资金投向急需发展的部门、企业或项目的一种资金融通活动。它的本质是以政府为主体，按照信用原则参与一部分社会产品分配所形成的特定财政关系。

根据信用主体不同，可以把政府投融资模式分成中央政府资本投入模式、地方政府资本投入模式和公营或公共团体资本投入模式。

1. 中央政府资本投入模式

中央政府资本投入模式主要包括：① 中央财政拨付的资本金；② 国债；③ 国内政策性银行贷款；④ 减免税收；⑤ 政府补贴；⑥ 国外政府或国际金融组织贷款；⑦ 外国政府援助赠款等。

2. 地方政府资本投入模式

地方政府资本投入模式主要包括：① 政府财政拨付的资本金；② 政府基础设施建设基金；③ 城市建设维护税和城市公共事业附加费等专项资金；④ 国内金融机构贷款；⑤ 国外贷款；⑥ 减免税收；⑦ 政府补贴等。

3. 公营或公共团体资本投入模式

城市基础设施投资建设公司，简称城投公司，是政府基础设施建设投融资平台。其资金由政府注入，主要负责城市建设资金、各类政策性收费和城市维护费的归集、调拨。城投公司及与公共基础设施相关的专业公司，就是公营或公共团体。

公营或公共团体资本投入模式包括：① 上市融资；② 企业债券；③ 城市建设基金；④ 内源融资；⑤ 土地收益补偿；⑥ 融资租赁；⑦ 存量资产盘活；⑧ 项目融资。

二、社会资本投入模式

社会资本投入模式是指社会资本以盈利为目的，依据个人或企业信用或项目收益为基础，以商业化融资手段筹集资金。社会资本投入模式主要包括：自有资金、商业银行贷款、上市融资、企业债券、内源融资、集合委托贷款等。社会资本投入模式有利有弊，优点是社会资本管理效率很高，并且近年来政府也在大力支持社会资本投资基础设施和公共事业，推行了很多优惠政策，为社会资本提供了很宽广的平台；但是，社会资本同时也存在很多的不足，比如大部分社会资本方的融资能力都是有限的，而且受到很多政策、宏观经济环境等因素的制约，导致其融资成本很高，资金难以及时到位。

三、公私合作资本投入模式

公私合作资本投入模式可以选择政府资本投入模式中的投融资模式和社会资本投入模式中的投融资模式的任意一种。另外，它还可以选择：① 基础设施与土地利用联合开发；② 盈利项目与基础设施捆绑运作模式；③ 项目融资等。采用这种模式可以有效解决资金需求量大的问题，并且融资成本也不会很高；同时，由于加入了社会资本方，融资的管理效率也会大大提升。但它也受到很多因素的制约，比如政策变动等，政府必须在法律上制定相关的强制性措施予以支持。

四、项目融资模式

在这里对"项目融资方式"进行重点强调，有其特别的意义。在我国实行社会主义市场经济的宏观经济制度背景下，项目融资方式是体育综合体的重要融资方式。其在体育综合体中的应用也将越来越广泛，主要包括 PPP 模式、BOT 模式、PFI 模式、ROT 模式和ABS 模式等。

1. PPP 模式

PPP 模式即政府和社会资本合作模式。政府按照平等协商的原则，采取竞争性方式择优选择具有投资、运营管理能力的社会资本提供公共服务，并由社会资本负责项目的设计、建设、投资、融资、运营和维护。政府仅对其提供公共服务的质量进行绩效评价，通过政府付费或者使用者付费的形式保障社会资本获得合理回报。与传统的投融资模式相比，政府和社会资本合作模式有以下优点：

① 有利于加快转变政府职能，实现政企分开、政事分开。

② 有利于打破行业准入限制，激发经济活力和创造力。

③ 有利于完善财政投入和管理方式，提高财政资金使用效益。在政府和社会资本合作模式下，政府以运营补贴等作为社会资本提供公共服务的代价，以绩效评价结果作为代价支付依据并纳入预算管理。

广州体育馆是国内首例采用 PPP 模式进行建设管理和运营管理的体育综合体。广州体育馆的建设总投资约 13 亿元，广州市政府投资约 7 亿元，珠江实业集团投资约 6 亿元，珠江实业集团负责建设与运营管理。体育馆建成后形成的资产中，体育竞赛场所的产权归广州市政府，商业服务场所的产权归运营投资单位，运营单位同时享有体育馆及其附属设施的经营权，经营收益归运营单位所有，按合同约定的数额回报政府的投资。运动员村在第九届全国运动会无偿使用后作为商品房出售，所得收益归运营单位。项目建成后，珠江实业集团成为大众体育活动中心的业主，除此以外的其他建筑物的业主是广州市体育局。珠江实业集团组建了广州珠江体育文化发展有限公司，负责广州体育馆的运营管理工作。

2. BOT 模式

BOT 即建设—经营—转让，是指政府授予社会资本一定期限的特许专营权，许可其融资建设和经营某基础设施或公共设施。在规定的特许期限内，社会资本可以向基础设施或公共设施使用者收取费用，由此来获取投资回报。待特许期满，社会资本将该设施无偿或有偿转交给政府。政府通过与 SPV（项目公司）签订特许协议，将基础设施或公共设施项目的经营权交给 SPV，SPV 则在经营一定的时期后将其转交给政府。政府通过签订的协议，以经济活动的方式将设计、融资、建设、经营、维护基础设施或公共设施的责任转移给 SPV。采用 BOT 融资的项目所需要的资金全部由社会资本通过融资、贷款解决。政府不提供担保资金，但可适当贷款或参股，共同投资。政府与 SPV 作为主要主体通过合同达成合作意向，SPV 分别通过贷款合同、经营合同、建筑合同、设计合同与银行、经营承包商、建筑承包商、工程设计单位达成有关贷款、经营、建设、设计方面的合作意向。

BOT 模式具有以下优点：

① 可以有效地吸收社会资本投入体育综合体建设，弥补资金的不足；

② 为社会资本对体育综合体的投入开辟了渠道，通过政府的特许授权，社会资本的投资收益得到一定的保障，由此激发了其投资的积极性；

③ 可以通过竞争机制引进国内外先进的、成熟的体育综合体管理和运营经验，解决市场经济条件下体育综合体的经营管理问题，为我国现有的大型体育场馆提供适用体育产业化改革要求的经营管理之道。

在体育综合体 BOT 融资模式的实际应用过程中，还形成了一些衍生方式，如 BOO 模式即"建设—拥有—经营"方式。BOO 模式与 BOT 模式的主要区别是，以 BOO 模式投资建设的体育综合体，社会资本拥有其所有权；而 BOT 模式投资建设的体育综合体 SPV 仅拥有特许经营期内的体育综合体的经营权。特许经营期满以后，SPV 必须将体育综合体无偿移交给政府。

3. PFI 模式

PFI 来源于 BOT，是一种具有融资、建设、经营和管理综合功能的现代国际流行的新型项目融资方式，被广泛应用于基础设施和公共设施建设。PFI 即在公共工程项目开发经营过程中，社会资本利用其自身在资金、人员、设备、技术管理的优势，从事开发、建设、经营基础设施和公共设施的一种模式。在 PFI 模式项目中，政府根据公共项目的建设规划确定 PFI 项目，通过竞争方式选择具有投资、运营管理能力的社会资本结成相应项目的事业主体 SPC，负责项目的开发建设和经营。它具有以下几个优点：

（1）项目主体单一。PFI 的项目主体通常为民营企业或民营企业的组合，体现出民营资金的力量。

（2）项目管理方式开放。PFI 模式对项目实施开放式管理，首先，对于项目建设方案，政府部门仅根据社会需求提出若干备选方案，最终方案则在谈判过程中通过与民营资本协商确定；其次，对于项目所在地的土地提供方式及以后的运营收益分配或政府补贴额度等，都要综合当时政府和民营资本的财力、预计的项目效益及合同期限等多种因素而定。

（3）实行全面的代理制。PFI 模式实行全面的代理制，PFI 公司通常自身并不具有开发能力，在项目开发过程中广泛地应用各种代理关系，而且这些代理关系通常在投标书和合同中即加以明确，以确保项目的开发安全。

（4）合同期满后，项目运营权的处理方式灵活。PFI 模式在合同期满后，如果民营资本通过正常经营未达到合同规定的收益，则可以继续拥有或通过续租的方式获得运营权。这是在前期合同谈判中需要明确的。

PFI 模式在体育综合体项目中的应用与 BOT 模式类似，政府部门根据社会对体育综合体的需求，提出需要建设的项目，通过竞争方式选择社会资本进行体育综合体的融资、建设。体育综合体建成以后，SPC 获得一定期限的特许经营权通常为 30 年。SPC 通过政府购买服务和消费者付费回收成本、获取收益。

4. ROT 模式

ROT 即"改造—经营—移交"模式，是指特许经营者在获得特许经营权的基础上，对陈旧的基础设施项目的设施、设备进行更新改造。在此基础上由特许经营者经营约定年限后，再转让给政府。ROT 模式是政府在 TOT 模式的基础上增加改扩建内容的项目运作方式，通常包含项目立项及报审程序，ROT 合同期限一般为 20～30 年。

ROT 模式是通过大型体育场馆改扩建打造体育综合体的主要投融资模式。该模式主要依托大型体育场馆资源，在不改变场馆主体结构的前提下，通过直接利用、改造利用和拓展利用等手段，在体育场馆设施内外配置休闲、娱乐、餐饮、商贸、会展、购物等辅助功能，形成以体育场馆为核心的综合体。ROT 模式在体育综合体运营上的应用，采取"政府购买服务、体育场馆重组重构"的模式。在体育综合体所有权和管理权的基础上，由政府负责绩效考核和监管，社会资本负责体育综合体的运营管理。

深圳大运中心是运用 ROT 模式投资建设体育综合体的典型案例。深圳市龙岗区政府将政府投资建成的大运场馆交给佳兆业集团，以总运营商的身份进行运营管理。双方 40 年约定期限届满后，再由佳兆业集团将全部设施移交给政府部门。佳兆业集团依托于场馆的平台，将体育与文化和会展、商业有机串联起来，把体育产业链植入到商业运营模式中，对化解大型体育场馆赛后运营财务可持续性难题进行了有益尝试。其主要做法是：

① 采用"总运营商与专业团队共同运营"的模式。由实力雄厚的总运营商引入 AEG、英皇集团和体育之窗等具有国内外赛事、演艺资源和场馆运营经验的专业运营团队，共同

承担运营职责。

② 采用"商业—场馆—片区"的联动商业模式。此商业模式的核心是设立运营调剂基金,重点是解决调剂基金的资金来源和可持续供给的问题。为破解赛后场馆持续亏损的难题,深圳市政府同意把大运中心周边 $1km^2$ 的土地资源交给龙岗区开发运营,并与大运中心联动对接。龙岗区通过土地资源的开发创立运营调剂基金,以商业运作反哺场馆运营,进而由场馆带来的人流带动大运新城的开发建设。

③ 政府购买服务。政府购买服务的主要方式包括建设补贴、运营补贴和政府购买服务三个方面。引入财政资金支持,通过前 5 年运营和赛事财政补贴、演艺专项补贴等方式,扶持总运营商引进更多、更好的赛事和演艺活动,尽快提升场馆的人气和档次。

④ 建立运营绩效考核机制。绩效考核的核心在于第三方评估,第三方评估是保障绩效考核公平、公正的有效手段,绩效考核的公平、公正是 PPP 项目实施绩效考核成功与否的关键。每年由管理部门对总运营商进行绩效评估和公众满意度测评,并邀请有国际化场馆运营的机构做出第三方评估,将考核评估与奖励挂钩。

第二节 体育综合体的经营模式

一、经营模式分类

1. 自主经营

自主经营是指业主直接对体育综合体开展运营管理活动的体育综合体经营管理模式。自主运营模式又包括事业单位运营模式和企业运营模式。事业单位运营模式是政府投资建设的体育综合体普遍采用的一种经营管理模式,是指体育综合体在体育行政主管部门领导下由政府全额或差额拨款,体育综合体所属部门组织一个机构或由专门的体育场馆管理人员负责其运营。这种模式下,体育场馆业主一般是其上级行政主管部门。

企业化经营管理模式是指以盈利为目的的体育综合体或健身俱乐部等,通过建立具有独立法人资格的企业来运营体育综合体的经营管理模式。企业内部按照《公司法》的要求对体育综合体进行运营管理。这种模式下,体育综合体的业主一般是企业本身。

2. 承包经营

这种管理方式的前提条件是政府部门拥有体育综合体的所有权。政府部门通过公开招标方式,将体育综合体的管理权和经营权在一段时间内交由某一公司或者个人全权管理,体育综合体运作完全实行自负盈亏,政府不给予任何补贴。体育综合体实行承包经营以后,不能改变其为普通老百姓提供大众体育服务的性质,而必须保证为全民健身和运动训练提供场地服务,必要时还要承担体育竞赛的任务。但对所提供的各种服务都要收费,其收费标准一般由体育主管部门会同物价管理部门共同制订;并在承包经营协议中约定,承包人必须严格遵照执行。这种经营模式既减轻了政府部门的财政负担,也提高了体育综合体的经营管理效率。

这种经营管理模式的主要特点是通过出租体育综合体的经营权与管理权，以吸引大量的社会资金和先进的经营管理经验。实行该模式的最终目的是，希望利用社会资金和先进的经营管理经验来改善体育综合体的运营状况，以获得良好的经济效益和社会效益。国内采用该模式的典型案例就是首都体育馆，承包经营单位每年需完成 350 万利润，利润按 2∶3∶5 的比例分配。即 20% 作为体育综合体发展基金，30% 上缴管理部门，50% 由承包经营管理单位自主分配。

3. 委托经营

在不改变体育综合体产权性质和功能定位的前提下，产权主体委托社会组织、社会团体和企业进行经营管理的一种方式。这种由政府投资建设体育综合体，然后委托给民间社会组织、社会团体、企业经营管理的"托管模式"在欧美国家非常流行。这种管理模式一般是由体育综合体产权所有者，通常是地方体育局，与受委托的社会组织、社会团体、企业签订经营管理合同，明确合作双方的责、权、利关系。经营者受体育局委托作为体育综合体的法人代表，负责体育综合体的日常经营管理。体育综合体的重大问题仍由体育局直接负责决策，体育综合体原有的职工要留用，但必须服从委托经营者的安排和调度。这种经营管理方式既发挥了体育综合体的各种本体功能，又解决了体育综合体，特别是一些专业性较强的体育场馆，由于使用率不高而造成的运作经费不足的困难。例如，上海浦东棒垒球场委托给日本康贝公司经营管理。

4. 租赁经营

租赁经营是在不改变所有制性质的前提下，按照体育综合体所有权与运营权完全分离的原则，体育综合体所有权人将体育综合体出租给承租人经营并收取租金的经营方式。该模式通过合同形式，确定体育综合体所有者与运营者间的责、权、利关系和承租年限及其他管理事项，而承租人通过合同要求获得开展体育服务及相关服务的自主经营权。

5. 合作经营

这种经营模式的一种形式是政府作为大股东，以其对体育综合体的投资作为股份，再吸纳其他社会资本进行融资扩股，作为体育综合体前期建设和后期经营开发的补充资金，成立拥有体育综合体所有权和经营权的现代企业，具备独立法人资格的实体。这种经营管理模式的另一种形式是，政府以体育综合体的土地、房屋或其他设施作为投资；其他投资者以现金、设备、管理等作为投资，携手合作经营管理体育综合体。无论哪种形式，这种经营管理模式的特点都在于通过投资各方的合作，来解决体育综合体在前期建设过程中或者后期经营过程中资金缺乏、管理经验缺乏等难题。合作经营的各方以有限责任公司的组织形式来明确各方的投资风险与收益。收益按各自投资资本的比例分成，合作投资经营的模式营造了一种利益共享、风险共担的经营管理机制，有利于体育综合体经营管理水平的提高，更有利于我国的体育场馆产业的高质量发展。政府部门作为体育综合体内部企业的大股东，对该企业的重大事务具有决策权，保证了国家对体育综合体的政策性导向，有利于把握体育综合体的发展方向。这是一种较新的按市场机制运作的经营管理模式，目前国内采用这种模式比较典型的案例就是南京市全民健身中心。它是第十届全国运动会的重点项目，占地面积约 1.4 万平方米，总建筑面积约为 7 万平方米，总投资近 2.6 亿元。其中，南京市财政局在三年内提供 6000 万元的建设资金，体育彩票公益金再提供 6000 万元的资金，剩余的资金全部采用市场机制来运作。政府将全民健身中心十五年的经营权转让给香港雅高公司，不仅获得建设资金 7000 多万元，有效缓解了建设资金不足的困难；而且还带来了先进的经营理念和专业的管理团队，使项目走上了现代化企业管理之路，为尽快收回建设成本和实现场馆的良好运转打下了坚实的基础。

二、典型案例分析

1. 麦迪逊广场花园

麦迪逊广场花园位于美国纽约州纽约曼哈顿中城，被纽约当地人简称 MSG 或者干脆就叫"花园"。它坐落在全美最大的火车站之一的宾夕法尼亚车站上面。许多乘坐火车来纽约的外地游客第一眼看到的就是麦迪逊广场花园，它不仅是体育娱乐活动的殿堂，还是美国的文化符号之一。

麦迪逊广场花园并不是简单的一个球场，而是一座由大厦与球馆组成的体育综合体，有利于多功能利用。现在的麦迪逊广场花园由五层座位组成，最低的一层就是进行冰球和篮球比赛时围绕在场边的座位（需要时，这里还可以提供更低的座位，称为圆形大厅）；紧接着是看台；最后面则是包厢。总共拥有 2 万个座位，是美国著名的室内体育馆。它不仅是纽约尼克斯和纽约自由队的主场，还是流浪者冰球队的主场。这里也举办过大学篮球赛、田径赛和网球锦标赛。它同时还是一座拥有 5600 个座位的戏院，曾被称为"派拉蒙"，是纽约市举办各种音乐会、戏剧、拳击比赛等的重要场所。由于其秉承"以体为主，多种经营"的经营理念，使其成了全美国业务最繁忙的顶尖球馆。据统计，这里一年需要承办大约 320 场赛事，观众流量则要达到 400 万之多。由表 6-1 可知，其中体育活动约占全年活动的 60%，非体育活动约占 40%。

2008 年 10 月～2009 年 5 月麦迪逊广场花园赛事活动日常（场）　　　表 6-1

体育赛事	文娱活动	家庭秀场	其他活动
自由女神　18	演唱会　16	杂技表演　8	商展　10
巡骑兵　43	颁奖晚会　8	情景剧　3	集会及典礼　6
尼克斯　47	娱乐赛　5	儿童剧　15	餐会　13
其他约　100	舞蹈表演　4		大型会议　11

注：其他赛事包括大学篮球场、田径、网球锦标赛、拳击、摔跤、室内自行车环行赛等。

（1）组织体育赛事

麦迪逊广场花园是纽约尼克斯篮球队、纽约巡骑兵冰球队、纽约自由女篮、圣约翰大学、红色风暴大学等球队的主场。据统计，这几支球队每年在此大约有 200 场比赛。有时，也成为拳击锦标赛的会场，这里曾经一度被称为"拳坛圣地"。

（2）文化娱乐活动

在体育场馆的附属设施中，通过开展娱乐活动来增加收入，如音乐会、演唱会的门票等，活动还包括牛仔大赛、威斯敏斯特狗展、猫展等，这些都可以提高场馆的盈利。

（3）其他活动

除文体活动外，麦迪逊花园广场同时也是政治集会（如2004年共和党全国大会，1976年、1980年及1992年民主党全国大会）、大型典礼活动（如一年一度的纽约市警察学院毕业典礼、格莱美颁奖典礼、年度乡村音乐颁奖典礼）等大型室内活动的举办地，而且还可以举行大型会议。

（4）其他收入

其他收入包括广告资源租赁，如场馆内外广告发布、周边地区广告位等各种广告资源的租赁；展览会的场租；办公用房租赁；商品零售用房；与体育有关的休闲服务业用房等；体育旅游，如体育名人堂、名人留念砖、体育用品、纪念品、体育展览。而且，麦迪逊广场花园还提供餐饮服务、住宿等配套设施服务。

2. 玫瑰碗体育场

位于美国加利福尼亚州，创建于1923年1月1日的洛杉矶玫瑰碗体育场，是美国1994年世界杯的举办地，承办过女足世界杯的决赛和奥运会。最初，玫瑰碗只有57000个座位，1928年增加至76000个，1932年增加至83000个，直到1972年扩充到105000个。相比其他体育场在足球界大名鼎鼎的位置，玫瑰碗只能算是不知名的小弟弟。但在美国人心目中它却如圣地一般，因为它是美国"国球"橄榄球的年度冠军大赛——超级碗第一次举办的地方，更因为在这里举办过无数次可以铭记史册的橄榄球赛事。

玫瑰碗球场由Pasadena市当局授权玫瑰碗运营公司运营管理，该公司是从市议会成员中选举组成的非盈利性组织。玫瑰碗运营公司有一个依附于其一般账户的投资账户，即自动化overnight投资账户。每天夜间一般账户会自动调节平衡至overnight投资账户中，该项投资每年可赢利近2.3%。

玫瑰碗球场是奥林匹克运动会赛场成功转型的范例。曾经举行过1932年洛杉矶奥运会及1984年洛杉矶奥运会开幕式，在奥运会结束后一直是加利福尼亚大学洛杉矶分校Bruins橄榄球队的主场；同时，加利福尼亚大学洛杉矶分校所有的大型活动都在玫瑰碗体育场举行。其他还包括玫瑰碗杯赛、全美橄榄球全国冠军赛、巴莎迪娜市的活动、加州理工大学海狸队的主场，而且也是洛杉矶银河队在1996—2002年间的主体育场。

玫瑰碗球场主要以新年足球赛闻名，每年元旦世界各地球迷的眼光集中在玫瑰碗球场。当然它也举办其他活动，如音乐会、宗教仪式、欢迎宴会、公司会议、产品发布、论坛、团队建设、退休聚会、颁奖典礼、玫瑰游行等；并且，它还是世界上最大的跳蚤市场，每个月的第二个星期日展开的加利福尼亚最隆重的跳蚤市场，2000多商人在这里开展古董、珍藏品、美术作品、工艺品等展示活动。

玫瑰碗球场是全美体育综合体的典范，它一直强调顾客满意、合理的赛事安排和社区参与。自1992年起，玫瑰碗球场开始建造世界顶级体育场标准的豪华包厢，每个包厢

14～18 个座位，拥有电视显示器、VIP 停车许可、为聚会成员提供的特别节目、包厢就餐服务、包厢服务私人电梯、独立洗手间等。

3. 丰田体育中心

丰田体育中心是一座位于美国得克萨斯州休斯敦市中心的室内体育馆，竣工于 2003 年 10 月，造价 1.75 亿美元，业主为得克萨斯州哈里斯县休斯敦体育管理局，由屡获殊荣的场馆运营部门 Clutch City 体育与娱乐公司经营管理，由日本丰田汽车公司冠名赞助。丰田中心在举行篮球比赛时可容纳约 18300 名观众，冰球比赛时可以容纳 17800 人，而举行音乐会时则最多可容纳 19000 人。体育馆内另设有 2900 个俱乐部座位及 103 间豪华套房，每年观众数量逾百万。丰田体育中心不仅是休斯敦火箭队、休斯敦航空队（全美冰上曲棍球联盟）和彗星队的主场，而且每年还有多场业余冰球联赛和青年冰球联赛在这里举行。

丰田体育中心现已成为休斯敦地区举办重大活动的主要场馆之一，每年至少举办 200 场比赛和活动，最多的时候可以达到 225 场。仅从天数上看，这个场馆的利用率已经超过了 60%。除了举办各种体育比赛活动之外还有其他文娱活动，如大型音乐会、剧院迪士尼表演、迪士尼冰上表演、世界摔跤娱乐制作付费收看节目 WWE Vengeance、UFC 主办的格斗赛事，日常还会有常规 NHL 冰球比赛。并且，在周一到周四及周六的非活动日早上 10 : 00 到下午 3 : 00 有偿开放球馆给游客参观，门票 5～7 美元，10 人以上的团体可以享受一定的折扣。通过表 6-2 可知，体育赛事占丰田体育中心全年赛事的 60%，而非体育赛事则占 40%。

2008—2009 年丰田体育中心球场赛程 表 6-2

体育赛事（场）		文娱活动（场）		家庭秀场（场）	其他活动（场）	
火箭队	46	演唱会	20		招聘会	2
休斯敦航空队	18	舞台剧	5	30	社区活动	4
其他	50	娱乐赛	5		公益活动	5

丰田体育中心的建造是公私合作的结果。火箭队在场馆建设时曾经与市政府一道进行了资金投入，现在每个赛季还要支付 850 万美元的场租费用且持续 30 年。此外，还要承担场馆每年大约 160 万美元的修缮费用。除市政府给予一定补贴之外，与日本丰田汽车集团的冠名权交易，每年可以收益约 400 万美元。体育中心还大力开发季票、俱乐部座席票、附赠式有奖销售，而且致力开发特许经营权，设有许多特许经营销售店，包括各种特色餐厅和小吃店，如 Space City Dogs、Rocket Tacos、Crunch time Salads 等。

Clutch City 体育与娱乐公司是体育、娱乐、艺术场馆的推广者，受丰田体育中心委托，全权负责该中心的运营工作。公司在整体运营丰田体育中心的同时，将部分业务委托给一些专业机构，如 Flash Seats 公司负责管理丰田中心的票务，包括门票促销、门票销售、市场调查等。公司致力于售票系统改进，推出电子门票，既节省成本又能更好地服务顾客。Clutch City 体育与娱乐公司还委托 AGE 公司全权负责该场馆的冠名权交易，包括从市场调查到最终谈判，丰田体育中心成功冠名，获得可观收入。

4. 万乔维亚中心球场

万乔维亚中心球场建造于1996年，当时造价为21000万美元，融资渠道主要来自于 Comcast Spectacor 的私人贷款和赞助、市和州政府的补贴。万乔维亚中心球场隶属于 Comcast Spectacor 公司，并授权其旗下的 Global Spectrum 运营。

万乔维亚中心球场是一个大型的综合性体育场馆，可以举办多种比赛，是费城飞人队、费城魅影队、费城飞翼队、费城幽灵队（曲棍球）和费城 KIXX 队（室内足球）的主场。作为美国最繁忙、最成功的场馆之一，万乔维亚体育中心每年举办330场赛事，吸引300万观众。活动除主场球队比赛之外，还积极引进其他赛事，如1998年美国全国 Figure Skating、亚特兰大10人男子篮球赛、LaSalle and Villanova 大学篮球队。其他活动还包括家庭表演、演唱会和竞赛、Ringling Brothers 和 Barnum&Bailey 马戏团、迪士尼乐园冰上表演、冰上运动表演和比赛、芝麻街剧场、卡车拉力表演、大型音乐会等等。由表6-3可知，万乔维亚体育中心一年举办的330场赛事中，体育赛事为200场，约占整体的61%，其他非体育活动约占39%。

2008—2009 年万乔维亚中心球场赛程（场） 表6-3

体育赛事	文艺活动	家庭秀场	其他活动
200	51	73	6

体育场馆的冠名权收入一直是万乔维亚中心球场资金的主要来源之一。自建馆以来，万乔维亚中心球场进行了一系列成功的命名权交易：Core States 银行花费4000万美元购买场馆的29年的命名权 Core States Spectrum and Core States Center，预付150万美元；然后，其后20年中每年付200万美元，余款在第21～29年内付清。1998年，First Union 银行耗资163万美元获得场馆的命名权。2003年，Wachovia 银行以140万美元的资金取得体育馆的命名权。

万乔维亚中心球场还积极开展体育培训服务，如76人队训练营始创于1985年，一开始是为青少年学习运动基础和与球员近距离接触而设的。营员每天不但可以有两个小时的指导，还可以举行划船、游泳、钓鱼、打迷你高尔夫、乒乓球、沙滩排球等活动。到1988年，6周一期的夜间训练营每周有营员200人，而日间训练营也在费城的4个社区和郊区开展起来，并且在17个点为7～13岁的孩子提供学习机会。

三、案例启示与借鉴

1. 经营活动：以体为本，多种经营

体育综合体的运营以承办大型体育活动为主，其经济效益与项目种类的多样性有着直接关系。美国体育综合体的经营内容大多体现了"以体为本，多种经营"的特点，经营结构比较完善，不仅注重体育竞赛表演、体育健身、培训等体育本体产业的发展，而且还提

供康复理疗健身咨询、按摩、桑拿、美容及餐饮服务。项目越多，种类相对齐全，形成健身娱乐服务系列产品，消费者可以有更多的选择，就能形成集中的体育娱乐消费市场，从而获取最大的经营效益。

体育综合体的利用率是判断其经营成功与否的重要指标，体育综合体绝大多数就是靠提高使用效率实现盈利，主要渠道为组织体育比赛和其他娱乐活动的场租、门票、广告收入等的分成以及停车场收入、餐饮服务等。美国体育综合体的使用率非常高，其中体育活动高于其他活动。如万乔维亚体育中心，平均每年举办的比赛都在 300 场以上，包括组织职业篮球赛和冰球赛大约 185 场，另外还组织 100～120 场音乐会、文艺演出、家庭活动、马戏及学校、社会集会等活动，吸引 300 万观众。再如玫瑰碗球场，所有的活动项目中，38% 的活动是体育赛事，20% 是音乐会，11% 是家庭活动，31% 是其他类活动，包括展销会、产品发布会、宗教活动、公司活动以及政治活动等。

2. 市场营销：球迷至上，全方位服务

现代市场营销不仅要求体育综合体的服务要以消费者为导向，还必须同现实和潜在的消费者进行沟通。为此，体育综合体必须深入了解市场情况，拓宽经营思路，精心策划经营方案，处理好与政府、社区、媒体、消费者等公众的关系，开拓多种渠道与他们进行沟通，以吸引现实和潜在的消费者。通过满足顾客的需求和实现顾客的价值，提高顾客忠诚度，从而实现自身的经营目标。

面对竞争越来越激烈的体育市场，体育综合体的市场营销越来越受到重视，欧美等国家体育综合体都在利用各种机会和手段来宣传扩大自己的知名度，采用多元化、现代化的营销手段来提高体育综合体的经济附加值。

欧美国家体育综合体一般都拥有自己的市场营销部门或者是由专门的市场营销公司提供全方位的市场营销服务，包括附赠式有奖销售、季票、赞助、命名权出售、赛事的组织等等，奉行"以球迷消费为核心，提供全方位服务"的营销理念，更加重视细分营销市场。如万乔维亚体育中心的促销活动，除了营销大量的与球队有关的特许商品，包括球迷们穿的印有所喜爱球队队名、别名或标识的运动服，戴的围巾、手套等以及队旗、球星卡、招贴画等，而且还针对成年男子群体推出的由 The Dave&Buster's 赞助的 Guys Night Out（包括 4 张票、4 杯啤酒、4 个热狗、4 份啦啦队泳装年历、馆内商店优惠券以及与啦啦队的见面），针对女性密友推出由 Salon L'Etoile 和 Spa 赞助的 ladies Night Out（2 张票、2 份沙拉、2 杯酒、2 件队服和 2 张 Salon L'Etoile 和 Spa 的招待券）和针对四口之家推出的 Family Fun Packs（4 张票、4 杯饮料和 4 个热狗）。仔细研究这三种营销组合，可以说已经把市场细分战略发挥到了极致。

欧美国家体育综合体还非常注重网络营销，各个体育综合体都设有自己的网站，借助互联网发布商业信息和场馆信息进行线上广告宣传，这样可以低成本、高效率地满足消费者需求。网络营销具有传统营销所不能比拟的优势，能够将产品说明、促销、顾客意见调查、广告、公共关系、顾客服务等各项营销活动，通过文字、声音、图片及视讯等手段有机整合在一起，进行一对一的沟通，真正达到整合营销所追求的综合效果。正因为网络营销具备诸多的优点，它一出现便对传统营销方式构成了强大冲击，因而希望自身业务持续发展的体育综合体都必须重新审视营销活动的各个方面：从广告宣传、销售策略、合同签订、货物发运、付款方式到售后服务，并考虑将营销战略的重点转移到互联网上。

3. 运营管理：集团化，托管式

欧美等市场经济发达国家体育产业起步较早，国民对体育运动的需求日益增高；加之，他们在体育综合体经营管理领域不断探索、创新和改革，其体育综合体的经营管理业已从政府直接管理的初始阶段发展到独立托管的深入发展阶段及集团化托管的成熟阶段，见图 6-1。

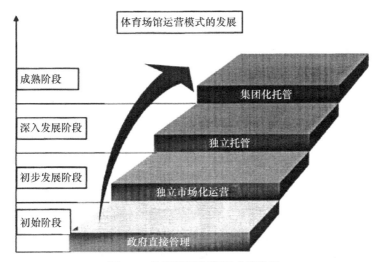

图 6-1　体育场馆运营模式的发展

欧美国家许多体育综合体都雇用体育场馆专业管理公司，对当地的体育综合体进行运营管理。这些公司由于经营规模的扩大，可以实现更大程度的规模经济，并为体育综合体提供专业经理人。更为重要的是，他们有能力使体育综合体的运营与当地政治隔离开来，这样体育综合体的经营管理就有更充分的自由空间。在欧美国家多数接受政府财务资助的体育综合体，其经营管理已呈现越来越民营化的趋势，一般主要采用建设与经营管理相分离的模式；而且，目前最成功的体育综合体大多采用集团化运营管理模式。

集团化托管就是对同类项目进行集中托管，在项目选择、设置目的目标、人员聘用、财务管理、运营机制等方面，都专业于现行体育综合体的独立运营、独立托管。集团化托管的最大优势就是利用规模化的专业优势对企业利益主体进行改造，从而使资源得到有效配置，达到效益的最大化。

许多规模较小的体育综合体比较热衷于选择体育代理公司，这些公司一般从事以下的服务：代表球队、赛事主办者或体育综合体经营电视转播权、门票、赞助、特许权等权益，以及制作比赛的电视节目；为客户开发市场、培育市场和"拉赞助"；策划推广新客户；为客户进行公共关系、宣传、接待、策划等运作；市场调研及财务服务等。除了大型代理公司外，一般的代理公司多只从事单项或一两项服务，代理费因项目及服务内容而异。

从经营效果看，由于集团经营容易形成项目优势，利于消费者进行系统消费，便于采用通卡、通票的做法，带动其他相关产业经营，使体育综合体经营逐渐向大众体育健身的会员制过渡，所以在欧美国家这种模式更受欢迎。体育综合体采用集团化经营，对于体育综合体多、项目全且采用独立经营的体育综合体，是较易操作又合理、有效的方式。例如，万乔维亚体育中心就是采用集团化托管模式，这是一家费城的体育和娱乐公司，Global-Spectrum 作为其旗下的一个部门，创立于 1994 年，是世界上第二大的政府赛事设施管理公司。Global-Spectrum 为客户提供了相当大的服务选择空间，包括统包经营和开幕前的商务咨询、设计以及新设施的建设与现有设施的正常运作。新时代票务公司负责票务发售业务，Front Row Marketing 负责赛事活动的市场营销和赞助策略，Ovations Food Services 负责食品饮料的管理。

4. 项目融资：市场导向，多元融资

体育融资是指体育组织通过募集和接受钱财捐赠，或通过提供人力、物力等多种服务来补充体育组织生存的有目的的过程。体育融资被普遍认为是现代体育综合体经营管理的核心问题，其重要性可见一斑。

纵观世界体育综合体融资模式的发展可知，体育综合体投资主要有三种形式：政府资本投入、社会资本投入和公私合作资本投入。近年来随着经济的不断发展，现代体育综合体早已发展到了第五代。由于体育综合体建设具有投资规模较大、收益与投资之间存在时间差的特点，政府资本已无法独立承担承建新型体育综合体的经济压力；同时，体育综合体收益高，体育综合体建设又具有部分公用事业性质，因而受到法律的制约较大。正是基于这种情况，使得金融创新产品在体育综合体建设管理中发挥了巨大作用，公共成分在设施融资市场逐渐淡出，社会资本的作用越来越大。目前，美国体育综合体建设和运营管理早已进入了一个"以市场化运作为导向，充分利用各种市场化筹资渠道和方式筹集资金，鼓励社会机构和个人参与体育综合体建设和经营管理活动，建立体育综合体经营管理新模式"的阶段，即时下美国体育综合体基本上采用的市场化的多元投融资模式。

市场化投融资是指企业以获取利益为目的，依据公司信用或者项目收益为基础，以商业贷款、发行债券股票等商业化融资为手段筹集资金并加以运用的金融活动。其主要融资渠道有：股权融资、债券融资、银行贷款、项目融资。其中，项目融资包括 BOT、PFI、ROT、盈利项目与体育综合体设施捆绑运作模式和土地置换融资模式等。市场化投融资模式存在多元化投融资主体，多方参与建设和运营。这种投融资模式可以吸引更多的投资者参与项目建设，实现投融资主体的多元化，减轻对政府公共资金的依赖。BOT 模式实质上是基础设施投资、建设和经营的一种方式，以政府和社会资本之间达成协议为前提，由政府向社会资本颁布特许，允许其在一定时期内筹集资金建设某一基础设施并管理和经营该设施及其相应的产品与服务。这是当今世界体育场馆投融资的主要方式。

欧美国家成功体育综合体的经验表明，体育综合体融资形式呈现多元化趋势，主要方式包括冠名权、现金捐款、实物捐赠、餐馆经营权、租赁协议、豪华包厢、优先座位安排、永久座位许可权、商品销售收入、停车费用、房地产赠送、遗赠和信托物、排他性的特许权有偿转让、各种资助组合、寿险组合、广告权、销售合同、资产支持型证券、各种基金等。而其中体育综合体扩大经营效益最重要的途径之一，就是扩大无形资产的价值，其中以冠名权和豪华包厢为代表的无形资产开发收入是体育综合体最大的收入渠道。美国的体育综合体90%以上都进行冠名权的交易，而且收益不菲。因为其门票、电视转播权、商品等销售收入都要上缴一部分给各大联盟，而只有包厢和冠名权收入完全属于体育综合体，所以体育综合体都在这两方面的开发投入很大精力，甚至会削减普通座席来增加包厢数量。

5. 市场开发：企业赞助，广告开发

欧美国家体育综合体的经营者，一方面积极寻找、开发、拓展体育综合体的发展空间与渠道、扩大资金收入来源，把目光聚集到体育综合体所拥有的大量广告发布的空间上；另一方面，还积极寻找商业合作伙伴，通过各种形式的广告发布形式，拓宽体育综合体运营资金的筹集渠道。

在欧美国家，很多体育综合体都有相当数量的赞助商，包括从初级市场的食品企业到高端市场的科技企业，都有投资于体育综合体广告空间。有的著名的体育综合体存在近百个大型的赞助商，如被中国人视为主场的丰田体育中心有72个赞助商，而且早已开始了一场不见硝烟的中国商品大战，七匹狼、北京·世界城、匹克、李宁、鸿星尔克、方正等中文广告到处可见，成为体育综合体收入中较为稳定的部分。

第三节　体育综合体的盈利模式

一、盈利模式的构成要素

1. 收入来源

体育综合体的收入来源可分为租赁收入、无形资产收入、多元服务收入、大型活动收入等。部分俱乐部参与运营管理的体育综合体则更重视比赛日产生的直接经济效益，相关利润表中未体现收入来源具体划分，而是以比赛日收入、非比赛日收入及其他收入进行统计，为俱乐部提供运营参考。

（1）租赁收入

基于体育综合体租赁的收入来源是指体育综合体所有者或运营者通过协议、合同等形式租赁体育综合体的部分或全部空间及财物的使用权，以获得预期收入。租赁的具体内容可以是场地、商铺、设备等。绝大部分体育综合体都将租赁业务视为一项基本收入来源，承租人是体育综合体的直接用户。体育综合体通过向承租人租赁相关内容，借助承租人的自有流量嵌入其他消费业务，从而获取更多的收入。在大型活动与商铺等的场地租赁中，体育综合体不单收取租金，还会参与活动或商铺的门票、收入分成，如美国圣克拉拉体育场管理局获得李维斯体育场980万美元的门票附加费。而国内绝大多数场馆仅收取场地租金，在大型活动中缺乏话语权，难以获取更高的收入。

（2）无形资产收入

无形资产开发也是体育综合体的重要收入来源，体育综合体无形资产开发项目种类繁多，包括体育综合体冠名权、特许经营权、体育综合体内外场地广告牌、专有技术、商誉等等。体育综合体无形资产市场规模大、效益高，对无形资产盈利的深入实践在很大程度上解决了体育综合体建设、运营与维修的资金问题，为体育综合体提供有力的财政支撑。其中，冠名权是体育综合体的重要盈利点，部分体育综合体在建设前期已完成冠名商招标，为体育综合体建设提供资金保障，减轻体育综合体建设的融资负担，如美国 NFL 亚特兰大猎鹰队的体育场于 2015 年获得梅赛德斯·奔驰长达 27 年的冠名赞助。据统计，美国 NBA、NFL 和 MBL 有超过 1/3 的体育综合体拥有冠名权协议，年平均冠名费用超过 500 万美元的球场有 25 个，年平均冠名费最高的是花旗球场，达 2100 万美元。场地广告是无形资产中另一重要的创收领域，特别是在比赛转播中，广告牌将带来巨大的创收机会。场地广告不仅包含固定广告牌，在美国，体育综合体台阶、座椅、廊道等设施广告随处可见，显现出体育综合体广告在时间与空间上的完美融合。

（3）大型活动收入

体育综合体大型活动隶属于体育综合体运营内容产业，是体育综合体多元化经营的具体实践方式。在美国等体育产业发达国家，体育综合体运营商早已不满足于租赁的单一收入来源，大型活动便是基于体育综合体运营商转型发展需求，依托体育综合体平台积极开发体育、文化、娱乐等活动内容，实现体育综合体价值最大化的创收方式。此外，体育综合体可以通过主办活动摆脱引入活动的难题，并形成自有品牌，在实现营收的同时，扩大了体育综合体的影响力。以美国洛杉矶市斯台普斯中心为例，2013 年斯台普斯中心主办非体育活动 63 场，包括 53 场大型演唱会，收入达 8040 万美元，4 支职业俱乐部赛事门票分成收入达 2.82 亿美元，仅大型活动收入就远超部分同类体育综合体的总营业收入。

（4）多元配套服务收入

"用户体验最优化"是国外体育综合体运营的基本原则，这一原则正渗入国外体育综合体规划、设计、建设、运营及更新的全生命周期。体育综合体多元配套服务便是从"用户体验最优化"着手，通过"体育场馆＋"为用户提供多样服务，满足不同观众群体需求，吸引更多用户，从而实现营收。借助体育赛事等大型活动的巨大流量，体育综合体停车、餐饮、酒店、购物等服务获取了高额利润，2013 年美国 MLB 球场仅热狗就售出约 2042 万个，酒水市场利润更是高达 90%。此外，体育综合体的服务正向个性化与差异化发展，国外部分体育综合体还可为观众提供定制服务，以吸引更多的观众消费。部分职业俱乐部建设或经营的体育综合体已成为俱乐部文化传承与传播平台，不仅在体育综合体内设有俱乐部博物馆，还开发了体育综合体参观与旅游项目，可以为球迷带来一场独具俱乐部文化气息的体育赛事之旅，体育旅游亦逐步成为体育综合体的重要收入来源。表 6-4 对 30 个 NBA 球场的常见体育综合体服务进行了统计。

NBA 球场常见场馆配套服务　　　　　　　　　　表 6-4

服务内容	数量（个）	百分比（%）
比分推送	28	93.33
3D 场馆地图	27	90.00
场馆内酒店	26	86.67
便利设施	25	83.33
舞蹈	24	80.00
餐饮	23	76.67
休息室	22	73.33

（5）连锁经营收入

在美国等体育产业发达国家，一些场馆专业运营企业通过委托运营、租赁经营，以及输出管理的方式实现体育综合体连锁经营。连锁经营模式的核心在于体育综合体的标准化运营，运用成套的标准化操作指南，实现体育综合体领域的集团式管理，形成品牌竞争力，增强创收能力。同时，运营商可将一项大型活动引入旗下不同地区的多家体育综合体，降低内容制造与合作成本，使运营商与合作伙伴的利益最大化。美国著名体育综合体连锁经营企业较多，如 AEG、Global Spectrum 等，运营商不仅从事体育综合体运营，还涉足俱乐部、赛事活动及大型文化娱乐活动的运营。这在国内是极为少见的，尤其是跨领域参与文娱活动管理。目前，国内还缺乏这一类的成熟案例。

2. 支出去向

支出去向是成本结构的动态表现形式，体育综合体的支出去向可概括为运营支出和非运营支出两个方面。运营支出是体育综合体运营的基本支出与费用，包括员工薪酬、差旅费、折旧费、能源费用等；非运营支出包括利息等财务性支出。

国内外场馆支出去向基本一致，但美国等体育产业发达国家体育综合体通过企业化管理方式，使用多种方法减少费用支出，降低体育综合体的运营成本。成本控制具体表现在人力成本、能源成本、设施维护等方面。在人力成本与能源成本控制方面，美国场馆努力发挥到极致。美国的职业体育球场在非比赛日几乎空无一人，整个场馆仅有一两名工作人员在监控室内负责场馆的安保，与场馆相关的团队只有在比赛日与大型活动时才会出现。美国场馆大量使用兼职人员与服务外包，大幅降低了场馆的人力成本，解决了场馆赛时与非赛时的管理矛盾。美国场馆在能源成本控制上也表现出诸多亮点，如迈阿密美航球馆吸引了 100 万美元的企业赞助，用于主场仓库和废弃物管理系统等的绿化改造，改造后能耗费用节省了 160 万美元。

二、体育综合体盈利模式分析

1. 职业俱乐部

（1）盈利模式的构建方式

职业俱乐部是职业联赛球队入驻、运营或所有的体育综合体。职业俱乐部的主要收入来源为租赁、无形资产开发、多元化服务、成本控制等优化组合模型。该类体育综合体的盈利模式通常围绕俱乐部进行构建，如美国俱乐部重视球迷及会员群体培育，拥有相当可观的会员数量，尤其是顶级俱乐部，粉丝遍布全球。俱乐部庞大的粉丝群体为场馆提供稳定的客流量，为体育综合体集聚大量消费者，而多元服务的创收能力在职业俱乐部盈利模式构建中的作用尤为突出。

（2）盈利模式的案例分析

李维斯体育场建成于 2014 年，坐落在美国科技中心硅谷，是一座由政府主导、社会力量参与投资的高科技体育场。其中，政府出资 12.2%，私人部门出资 87.8%，圣克拉拉体育场馆管理局拥有李维斯体育场的所有权及运营权，并负责体育场维修及改造。NFL 旧金山 49 人队与体育场所有者签订 30 年租约协议，体育场馆管理局将李维斯体育场委托给旧金山 49 人队体育场管理公司运营，实现所有权与运营权分离，旧金山 49 人队在场馆使用过程中拥有相当程度的自主性与优先权。

李维斯体育场 2016 财年利润表显示（表 6-5），体育场运营收入较上一财年增长 4182 万美元，实现税前运营盈利 2219 万美元，其营业收入增长点集中在非 NFL 赛事收入、门票附加费及 SBL（场馆建筑商许可）摊销等。体育场运营收入中，主要包含租赁收入、多元服务收入及无形资产收入等。租赁收入由 NFL 赛事与非 NFL 赛事两个板块组成，NFL 赛事活动收入为 49 人队每年 2450 万美元的租金，体育场非 NFL 赛事活动租赁创造 600 万美元收入。除租金外，体育场管理局还参与了门票分成，此部分收益在利润表中以门票附加费的形式呈现，提取 NFL 赛事活动门票收入的 10%，NFL 赛事活动门票分成为 830 万美元，非 NFL 赛事活动每张门票提取 4 美元附加费，分成为 250 万美元。多元配套服务方面，利润表中未进行各类服务收入细分，但李维斯体育场为用户提供停车、餐饮、酒水等多种配套服务，此部分收入高达 1.01 亿美元，比租赁收入高出近 2.5 倍。无形资产收入主要来自于体育场冠名，李维斯与体育场馆管理局签署了长达 20 年的冠名协议，每年支付 600 万美元冠名费用。2016 财年体育场各项费用支出见表 6-6，其中服务购买费用主要用于支付被委托运营商的运营费用。

2016 财年李维斯体育场收入一览表 表 6-5

	收入（百万美金）	百分比（%）
营业收入合计	148.30	100.00
多元配套服务收入	101.00	68.11
租赁收入	41.30	27.85
NFL 赛事活动	32.80	22.12
租金	24.50	16.52
门票附加费	8.30	5.60

	收入（百万美金）	百分比（%）
非 NFL 赛事活动	8.50	5.73
租金	6.00	4.05
门票附加费	2.50	1.69
无形资产收入	6.00	4.05

注：数据整理自圣克拉拉体育场馆管理局。

2016 财年李维斯体育场费用支出表　　表 6-6

	费用（百万美金）	百分比（%）
运营费用支出合计	120.99	100.00
租借费用	4.14	3.42
材料及服务购买费用	99.61	82.33
销售及广告费用	0.70	0.58
折旧费	16.55	13.68

注：数据整理自圣克拉拉体育场馆管理局。

2. 体育服务综合体

（1）盈利模式的构建方式

体育服务综合体是新时代体育场馆发展的重要趋势之一，它将体育元素融入人们的生活，改变单一的业态发展方式，与其他业态融合发展，形成共生机制，共享红利。美国等体育产业发达国家的体育服务综合体越来越多，部分新场馆在建设前就考虑实施体育服务综合体方案，甚至规划整个场馆座位下空间作为商业体开发。其综合体建设的出发点可以归结于自有产品或驻场俱乐部能够产生强大吸引力，带入大量消费者，促使运营商新建或改造现有场馆，以获取更多收入。因此，其体育服务综合体的盈利模式是以自有产品为基础，延伸至多元服务收入、无形资产收入等。

（2）盈利模式的案例分析

斯台普斯中心是美国体育服务综合体较成熟的案例，它利用整体开发优势，将中心打造成了享有国际盛名的体育与娱乐综合体，AEG 集团拥有斯台普斯中心的所有权及运营权。

根据表 6-7，2013 年斯台普斯中心运营总收入达到 3.53 亿美元，门票收入占全年收入的 79.71%，商品销售等多元配套服务在综合体内的收入占比仅次于门票收入。斯台普斯中心正是利用四支驻场球队的巨大吸引力，构建了以门票收入为核心的盈利模式。此外，微软剧院、斯台普斯中心、活力城共同组成了 LA.LIVE 体育娱乐区，活力城的消费者正是由微软剧院和斯台普斯中心导入，消费者可以在此享受一站式服务。

2013 年斯台普斯中心运营收入　　　　　　　　表 6-7

	收入（百万美金）	百分比（%）
运营总收入	353.3	100.00
门票收入	281.6	79.71
洛杉矶湖人队	78.9	22.33
洛杉矶快船队	60.4	17.10
洛杉矶火花队	2.8	0.79
洛杉矶湖人队	59.1	16.73
冠名权收入	7.4	2.09
其他活动收入	7.6	2.15
多元配套服务收入	56.7	16.05
商品销售	24.1	6.82
热狗	1.3	0.37
软饮	2.3	0.65
啤酒	10.6	3.00
停车费	18.4	5.21

注：数据整理自斯坦斯坦中心官网。

3. 大型活动

（1）盈利模式的构建方式

引进或自主开发打造大型活动是体育综合体实现盈利的必然途径，优质的大型活动可以帮助体育综合体积聚人气，带动体育综合体区域内的消费。特别是未能吸引职业俱乐部入驻的体育综合体，活动收入是其主要的收入来源。可见，体育综合体大型活动盈利模式的构建是以活动收入分成为基础，多元配套服务及无形资产服务等为辅助。

（2）盈利模式的案例分析

麦迪逊广场花园（以下简称花园）是世界上最著名的球馆之一，NBA 纽约尼克斯、NHL 纽约游骑兵和 WNBA 自由女神的主场均在花园。花园被职业球员和球迷奉为篮球的圣地，同时花园也是演艺明星最喜爱的演艺舞台。花园不仅是竞技舞台，还是表演舞台，每年都有数百场各种性质的大型演出活动轮番登场。花园的运营公司目前为纳斯达克的上市企业，公司由花园体育和花园娱乐两个事业部构成，分别负责大型体育和娱乐活动的管理、制造与运营工作。

麦迪逊广场花园公司负责花园的运营，收入主要为活动运营所得。麦迪逊广场花园公司 2016 年年报显示（表 6-8），2015～2016 财年花园活动运营收入超百万元，较上一周期增长 17%。其中，娱乐活动收入增长 38%，收入达到 41.42 万美元，花园承办了音乐会、家庭表演、艺术表演和特殊活动等大型演艺活动，特别是花园公司创造的"圣诞晚会"在

2015 年售出了一百万张门票。花园还与其他地区场馆开展深入合作，将部分娱乐活动推向多个合作场馆。体育活动方面，除三支职业球队的常规比赛外，花园还举办了一系列体育赛事活动，包括职业拳击、大学篮球、职业马术、网球和大学摔跤等赛事活动，该财年体育活动收入为 65.66 万美元，增长 7%。不难看出，麦迪逊广场花园公司正是通过制造、承办和管理体育与娱乐活动，不断积极创造场馆价值，成功登陆资本市场。

麦迪逊广场花园公司活动运营收入（单位：美元） 表 6-8

	2015 年	2014 年	增长率
活动运营总收入	1071551	913615	17%
娱乐活动收入	414161	300998	38%
体育活动收入	656683	612071	7%

注：数据来源于麦迪逊广场花园公司 2016 年年报（截至 2016 年 6 月 30 日）

第四节 体育综合体的风险管理

一、风险识别

体育综合体是建设项目的一种，其建设过程必然具有一般建设项目通常都要面临的风险。但体育综合体的建设与住宅、工业厂房、商业楼宇等项目所面对的市场环境、运营环境、消费群体有所不同，所以它又具有区别于其他建设项目特有的风险因素。

建设项目自投资意向开始至项目竣工验收投入使用，应遵循国家规定的基本建设程序。一般来说，基本建设程序可划分为四个阶段，即投资机会选择与决策分析阶段、建设前期工作阶段、建设阶段和运营阶段。项目建设投资开发的不同阶段，因工作侧重不同，其面临的风险也不相同。

1. 投资机会选择与决策分析阶段的风险识别

建设项目投资决策指建设项目的投资者通过对国家、地方的政治、经济、金融和社会变化、发展趋势的研究，综合考虑市场的供给、需求、价格和未来发展趋势，对拟建项目的必要性和可行性进行全面的经济技术分析，并对不同方案进行比较、评判和做出决策的过程。建设项目投资决策阶段的风险主要来自投资时机、场馆选址、投资方式选择等决策风险以及可行性研究失误风险，如图 6-2 所示，是投资开发过程中拥有最大不确定性、风险最大的阶段。决策的正确与否关系到项目的成败得失。

（1）投资时机的风险

体育综合体的建设受政府的政策、当地的经济状况以及体育市场环境的影响很大。体育综合体建设周期较长，少则一二年，多则三五年。因此，投资者必须对未来几年国家和地区的政治形势变化、经济发展趋势、人口增减、收入水平、体育消费心理和体育消费需求等风险因素进行预测，以选择和确定合适的投资时机，保证投资项目有良好的市场需求，避免因投资时机选择不当而带来投资风险。在经济发展的成长期，特别是伴随着人们日益增长的美好生活需要对体育文化生活的强大需求，体育综合体的建设无疑可以满足人们对于体育健身的场地需求，体育产业市场正处于不断上升的势头。

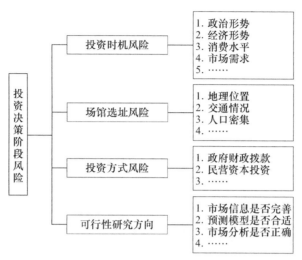

图6-2　投资决策阶段风险分析

（2）场馆选址的风险

体育综合体分布在繁华的市区还是偏僻的郊区，项目所在地附近的配套设施是否完备，对其日后的营运情况和盈利情况都有很大影响，所以体育综合体的选址面临很大风险。体育综合体选址要考虑的地理位置不仅指项目所处的自然地理位置，同时还包括社会地理位置、经济地理位置和交通地理位置。项目所处区域内的自然条件与社会、经济、行政等因素产生的综合效应，决定其今后运营的收益能力，是影响体育综合体项目投资风险的具有决定性作用的因素之一。从地理位置来看，由于社会经济发展的不均衡性，经济较发达的地区如北京、上海和广州等地，虽然地价较高，建设成本也高，但其发展前景好，人们的消费能力普遍较高，体育健身意识较强，所以建设体育综合体的风险相对较小；而经济欠发达地区尽管地价相对便宜，建设成本也不太高，但由于体育市场还未完全开发，经济基础薄弱，人们的体育健身意识还未得到充分的提升，在此基础上建设体育综合体，面临的风险可能较大。而在同一地区，由于存在着交通的便利与否和配套设施的完善与否等问题，也是建设体育综合体需要考虑的问题。

（3）投资方式的风险

随着体育产业市场化的发展，越来越多的社会资本进入体育综合体的投资中，体育综合体的投资方式也由过去单一的政府财政拨款转变到了现在的多元化的投融资方式。由政府财政拨款，对于体育综合体的资金投入较有保证。而社会资本的进入，会涉及资金是否能及时到位、能否获得银行贷款等许多方面的不确定因素，在建设过程的资金保证方面，将面临着较政府财政拨款更多的风险。

（4）可行性研究的风险

可行性研究是项目投资者在进行充分的市场分析后对项目投资进行的全面技术、经济论证，以确定该项目是否值得投资。其内容主要包括项目背景和概况、环境条件和需求预测、方案比选、开竣工日期和进度安排、投资成本费用估算、投资和筹资计划、收益估算、财务报表、财务评价、敏感性分析和风险分析、国民经济评价等。可行性研究需要完备的市场信息，要求投资者投入较大的人力和物力；同时，受我国体育产业市场信息不完备、市场预测模型选取不当等因素的影响，市场分析结果可能不太准确，给可行性研究带来风险并最终给项目的投资决策带来风险。

2. 建设前期阶段风险识别

经过投资决策阶段，体育综合体的投资活动即进入项目建设前期阶段，为建设项目的正式开工做准备。项目投资前期阶段的工作量很大、涉及面较广，包括政府、金融和保险等方面的不确定风险因素众多，仅次于投资决策阶段，主要包括置地决策风险、勘察设计风险、融资风险、承包商选择风险和合同风险等，如图 6-3 所示。

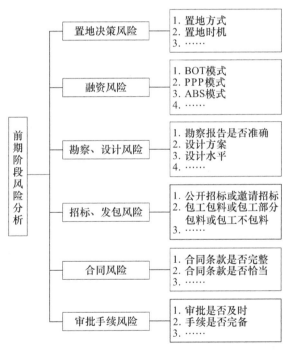

图 6-3　建设前期阶段风险分析

（1）置地决策风险

项目投资者在获得土地使用权时，面临着一定的风险。我国土地所有权归国家所有，投资者只能通过行政划拨和土地使用权出让、转让等方式取得土地使用权。项目在获得土地使用权的过程中主要面临置地方式风险和置地时机风险。

置地方式风险指体育综合体项目的投资方选择通过行政划拨、协议出让、土地招拍挂方式取得土地使用权时存在的风险。

置地时机风险指投资者确定购买土地使用权时机不当所带来的风险。投资者应在完成项目可行性研究后，尽可能就规划设计方案与政府有关部门多沟通，同时落实建设资金及各项建设条件，再购买土地使用权。这样，可避免因建设资金、规划要求、建设条件、市场情况等变化而带来风险。

（2）融资风险

近年来，随着我国经济实力的提升，居民的体育需求随着生活水平的提高而得到极大激发，再加上越来越多的大型国际体育赛事在我国举行，国内对体育综合体的建设或改造需求也呈上升趋势。但是，巨大的投资规模也使单一渠道的政府财政资金供给无力。于是，一些体育综合体的建设采用了创新的融资模式。BOT 模式、PFI 模式、ROT 模式、BOO 模式及 ABS 模式都有现实案例。不同的体育综合体项目，应选择合适的融资方式。不恰当的融资方式，将使体育场馆项目的投资面临风险。

（3）勘察设计风险

建筑工程勘察设计是指查明和分析与建筑工程建设场地直接或间接有关的地形、地貌、地质、水文、岩土等工程性质，以及依据设计任务书及设计标准、设计规范、勘察报告等要求进行建筑设计，最终提交勘察和设计成果，即勘察报告、设计说明书、设计图纸和投资概预算。工程建设各阶段对项目成本影响程度的研究表明，勘察设计阶段对项目成本的影响程度达 95%～100%，而由于设计方面的原因引起的质量事故占 40.1%。因此，勘察设计对工程进度、成本和质量具有重大影响。勘察设计工作质量不高，必然会导致工期延长、成本上升和质量下降，甚至发生建筑物倒塌事故，使投资者蒙受巨大损失。对于体育综合体而言，在设计过程就要综合评价建成后的建设成本和营运方式的问题。"鸟巢""瘦身"是从设计方面节约投资建设成本的典型案例。

（4）工程招标与发包风险

工程招标与发包是指项目投资者通过招标文件将委托的工程内容和要求通知意向承包商，由他们提出工程施工组织设计及报价，最后通过评审，择优选择信誉可靠、技术能力强、管理水平高、报价合理、工期短的施工企业，并以合同形式委托其进行工程施工。工程招标与发包风险主要有：

① 招标方式风险

我国现行招标方式有公开招标和邀请招标两种。目前，邀请招标方式在建设项目开发中应用不多，应用较多的是公开招标。公开招标指投资者根据项目自身要求，向社会公开发布招标公告，公开选择承包商。这种方式由于事前缺乏对承包商的充分了解，招标方和承包方事前缺乏共同意思的沟通，增加了承包商的违约风险。

② 发包方式风险

发包方式包括包工包料、全包工部分包料和包工不包料三种。包工包料方式在项目建设投资中应用较广，可以充分利用承包商对施工队伍、材料供应渠道和建材市场价格熟悉的优势，选择优秀的施工队伍，合理组织材料供应，节约材料费用，但也隐藏部分承包商雇用不合格施工队伍，采购、使用劣质材料，损害工程质量的风险；全包工部分包料方式在建设项目投资中也应用较广，在建材市场极其混乱的状况下保证了建材质量，但同时易导致材料组织、供应困难，增加了工期风险，以及由于投资者对建材市场价格掌握不全面而导致成本增加的风险；包工不包料方式产生的风险与包工部分包料相同，但结果更为严重，不利于发挥承包商的积极性和主动性并牵扯投资方大量的精力，一般在建设项目投资中较少应用。

（5）合同风险

建筑安装工程承包合同风险有两类：第一类是由于合同条款不完整、叙述不严密、有漏洞或部分条款违法，存在"陷阱"，在执行过程中可能给投资方造成损失，即合同不完善风险；第二类是由于合同条款规定而引起的风险，即纯合同风险。

（6）审批风险

审批风险指由于各种审批过程拖延或发生其他情况而给投资方带来损失。在建设项目投资过程中，涉及政府的行政审批事项较多。可以说，建设过程中的每一个环节，都需要得到政府行政许可以后，才能过渡到下一阶段。在审批过程中除了时间可能拖延外，还有可能造成一些与人为因素有关的损失。

3. 建设阶段风险识别

项目的建设阶段是项目从正式开工到竣工验收形成建筑物实体的工程施工建设阶段，主要任务是在施工过程中通过加强管理、采取措施，确保项目工期、质量、成本和安全目标的实现，从而保证项目能按时、按质地投入使用，保障投资方利益。本阶段的风险主要是在施工过程中由于管理不善、措施不当等引起的工期风险、质量风险、技术风险和安全风险，如图6-4所示。

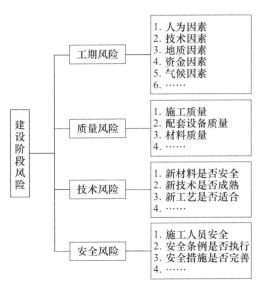

图6-4　建设阶段风险分析

（1）工期风险

建设工期指建设工程从开工到完成施工合同双方约定的全部内容，工程达到竣工验收标准所需的时间。建设阶段任何环节的时间损失，都可能导致工期拖延，从而导致投资方资金积压、开发成本增加、投资利润下降。影响建设工期的因素很多，如人为因素、技术因素、材料和设备因素、地质因素、资金因素、气候因素、环境因素等。工期风险概括起来，可分为工期延误风险和工期延期风险两种。

（2）质量风险

工程质量是国家现行有关法律、法规、技术标准、设计文件及工程合同中对工程的安全、使用、经济、美观和环境特性的综合要求。在工程建设中，影响工程质量的五个重要因素是施工人员、建筑材料、施工机械、施工方法和施工环境。事先对这五个因素严格控制，是保证项目工程质量的关键。

体育综合体是人群密集的地方，如果其建设质量出现问题，造成的人员和财产损失将非常巨大。所以，体育综合体建设的质量风险是需要各方高度关注的问题。

（3）技术风险

技术风险指建筑设计变更、科学技术进步、新材料、新技术和新工艺的不断创新而给投资方带来的工期、成本和质量影响。建筑设计变更风险是指由于规划设计单位对项目的规划设计深度不够、内容不全、缺陷设计、错误和遗漏，以及投资方扩大建设规模、增加建设内容、提高建设标准等引起的工程项目增加或已建工程拆除重建，导致工程量增加和成本上升。新材料、新技术和新工艺风险是指由于科学技术进步引起建筑工程施工中新材料、新工艺、新技术及新管理方法的不断出现引起的工期、成本和质量风险。一方面，它能缩短工期、提高质量和降低成本；另一方面，由于其可靠性不完全确定，也存在负面影响的可能性，即会导致项目工期延长和成本上升。另外，在体育综合体建设中，采用先进的配套设施、音响设备、施工技术等，虽然会提升整个体育综合体的档次，但是也为日后高额的维护成本留下隐患。

（4）安全风险

安全生产涉及施工现场所有的人、物和环境。安全工作贯穿施工全过程，其主要任务是督促、协助施工单位按照建筑施工安全生产法规和标准组织施工，消除施工中的冒险性、盲目性和随意性，落实各项安全技术措施，有效杜绝各类安全隐患，杜绝、控制和减少各类伤亡事故。安全风险包括施工人员的不安全行为风险、建筑材料和施工积蓄的不安全状态风险、作业环境的不安全风险三类。发生安全风险必将导致人身和财产损失、工期延误、效率下降。

4. 运营阶段风险识别

体育综合体运营风险是指影响活动参与者进行正常活动或导致参与者伤亡，权利受到侵害，经营场所、经营者受到损失等事件发生的可能性。运营风险与体育综合体的运营活动密切相关，它潜藏于体育综合体运营的各项行为当中并具有不同的表现形式。体育综合体所属单位各项"运营"决策行为风险的总和构成了体育综合体运营风险。体育综合体建成后的运营风险，主要包括功能、营销、财务、组织与管理、人事等风险，如图6-5所示。

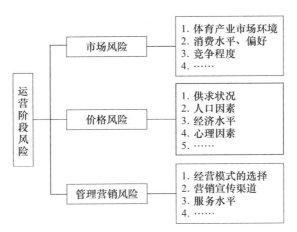

图 6-5　运营阶段风险分析

（1）市场风险

体育产业的出现，是由于新的消费需求的出现及经济和社会变化，将体育产品或服务提高到一种潜在可行的商业机会的水平。在目前情况下，我国体育产业还是一个新兴产业，产业不成熟，市场的反应也不太成熟，稳定性不够。所以，作为一个投资巨大、周期跨度大的体育综合体来说，准确把握市场变化才是实现预期目标和使命的关键。体育产业市场是一个区域性市场，主要受本地区的经济发展水平、消费者的体育消费水平和体育消费偏好、体育产品市场竞争程度、竞争方式以及对本地区未来市场的预期等多方面因素影响。正是由于体育产业市场发展还很不完善，市场风险是体育综合体投资者必须认真对待的重要风险。

（2）价格风险

价格风险是指投资者由于对市场分析、研究不充分、市场定位不准确、定价策略不科学以及不能及时反映价格的波动等，导致所提供的体育服务及相关配套产品定价不合理而给其带来的收益损失。如果定价过高，表面看似乎收益增加，但其价格可能不被体育综合体所在区域市场所接受，导致目标消费群体低于预期，实际总收益将会下降；如果定价过低，由于体育综合体在先期投入的资金巨大，将在很长一段时间内难以回收成本，影响投资者的投资回报率。影响体育综合体提供的各种体育及相关配套服务价格的因素，主要有供求因素、地理因素、环境因素、行政因素、经济因素、人口因素、社会因素、心理因素等。这些因素对体育及相关配套服务的价格的影响程度各不相同。综上所述，体育综合体的定价是由这些因素综合作用而形成的结果。

（3）管理营销风险

体育综合体运营期管理和营销，指体育综合体的管理层根据体育市场状况、体育综合体的地理位置、市场定位、目标消费群体的消费偏好、支付水平等，确定体育综合体的管理、营销策略。

① 经营模式的选择。体育综合体经营管理模式的选择，应充分发挥市场在配置资源中的基础作用，结合体育综合体的地理位置、功能、市场定位和潜在服务对象、大众消费

水平等因素，选择适当的管理模式。体育综合体经营模式的选择对其经营状况的改善具有重要意义。目前，主要包括以下几种管理模式：自主经营、承包经营、委托经营、租赁经营、合作经营模式等。由于影响体育综合体经营模式选择的因素众多，如何根据自身特点选择科学的经营模式是一个亟待解决的难题。投资方在经营模式的选择上面临着巨大风险。

②　营销模式的选择。体育综合体运营期的营销是指体育综合体的管理层根据体育市场状况，体育综合体的地理位置，目标消费群体的消费偏好、支付水平等，确定体育综合体的营销、宣传策略。其风险包括营销渠道风险和营销方式风险。选择自己组织营销团队还是聘请专业的营销公司、采用何种营销方式和策略，这些问题都是影响体育综合体运营状态的关键。

③　服务质量和管理水平。体育市场管理人才缺乏和服务水平参差不齐，是当前体育市场培育和发展所面临的一个突出矛盾。由于体育综合体管理面对的是一个新兴但还不成熟的体育产业市场，需要既懂体育相关专业知识又懂经营管理的人才进入管理层。而目前体育市场尚不完善，体育产业发展的配套服务因素如体育人才的培养等方面还比较滞后，所以管理水平高、专业知识强、经验丰富的体育综合体的管理人才比较稀缺。体育综合体的营运实际上是根据体育综合体的自身特点和功能定位，为目标消费市场提供体育方面的各种服务。服务质量问题是影响到消费群体消费意愿的重要因素。例如，举办演唱会、提供餐饮服务等，能否为客户提供安全、舒适、周到的消费环境都将是消费者考虑的因素。在体育综合体及配套设施提供了高水平的硬件设施后，其管理和服务的软实力将是决定体育综合体运营状况的一个重要因素。

二、风险应对措施

1. 风险回避

（1）回避措施类型

风险回避的类型可以分为积极的风险回避和消极的风险回避。积极的风险回避与消极的风险回避有不同点，也有相同点。相同点在于两者都认识到，企业自身的实力不足以承受可能遭受的损失，都希望尽可能在风险发生之前，减少风险发生的可能性。

（2）风险回避措施

体育综合体运营风险回避是在恰当的时候，以恰当的方式回避可能面临的风险，是一种策略性回避。风险回避可以采取以下策略：

①　步步为营

体育综合体的某项经营活动，若一步到位肯定跳跃太大，不确定因素增加，为企业所不能承受；如果分步实施，则可能回避部分风险，增加安全性。

②　避实就虚

避实就虚是指不与风险正面冲突，从风险小处着手，绕过风险障碍，待竞争能力和抵抗风险的能力增强、时机成熟后，再进入较大的风险领域。在体育综合体经营活动中，竞争对手之间存在着技术水平、服务质量、销售、品牌以及经济实力等高低强弱之分。实力较弱的企业若与竞争对手正面交锋，则难免处于劣势；此时，可绕道行之，在他处发挥自身优势，积累实力，然后再与竞争对手进行正面交锋。

③ 瞒天过海

竞争风险来自于竞争各方面的较量。因此，若能够骗过对手，趁其不备突然袭击，可令对手防不胜防，风险自然化解。

④ 移花接木

移花接木是指体育综合体将有限的资源投放在有把握、风险较小的项目上，或者回避某种政策或技术而采取的一种风险回避策略。

2. 风险承担

对于不可分散的风险，体育综合体运营唯一能做的就是承担风险。这样的风险不是体育综合体运营所能选择的，而是存在于体育综合体运营的过程中，与体育综合体经营活动密切相关。对于这种风险，不管是风险偏好者还是风险厌恶者都只能承担。要想得到更高的报酬率，就必须从事风险高于系统风险的项目。当预计到从事某项经营活动的风险太高，而此项活动又无法避免的时候，可以通过购买保险这种方式承担一定的风险，将损失控制在可接受的最小数额之内。这种承担风险的方法，需要预先对此项损失的发生可能、发生损失后的损失额进行概率估计和区间估计。

3. 风险降低

风险降低是指风险承担主体将自身可能遭受的损失或承担不确定性的后果转嫁给他人的风险处理方法，风险降低主要通过风险转移的手段来实现。

（1）保险转移风险

保险是风险降低中一项普遍采用的操作方法。它可以规范各方关系，保护企业利益。

（2）外包转移风险

通过外包策略，可以将这种风险转移给外包商，从而降低自身的风险。企业外包业务可以通过三种方式进行风险转移，分别是质量风险转移、资金占用风险转移和技术风险转移。

（3）出售转移风险

通过出售市场经营活动受阻、活力丧失而趋势减退的经营项目时，市场占有率受到侵蚀，从而牵连到其他经营的分公司，达到转移风险的目的。

（4）风险分担

体育综合体运营风险由于承担能力有限，可以选择与其他企业共同承担风险的方式，从而分担自身风险的负担，最终达到盈利的目的。

4. 风险应对

（1）建立风险管理全过程监控系统

风险控制的关键是取得准确的风险信息并及时采取应对措施，因此要建立详细、具体的体育综合体风险指标体系，形成风险管理全过程监控系统。风险管理指标体系包括：

① 风险的定义、种类和判断依据；

② 管理层次和组织形式、项目风险控制程序、风险责任划分制度、信息统计报告制度；

③ 风险状况收集和评价、风险变化的防控；

④ 资金和资源分配、资金风险预测与控制；

⑤ 工作风险统计汇编和工程技术处理总结等。

风险管理全过程监控系统是系统风险管理的有效工具，它能够全面考察风险应对措施的执行效果并给出评价，也能降低应对风险时错误的可能性。监控系统的建立使信息的共享得到有力保障，使风险监控工作规范、有效。

运营风险监控主要有以下几个方法：

① 落实经济责任制，制定相应管理岗位职权范围内的经济责任；

② 完善各种控制制度、政策和工作程序、工作机制；

③ 根据总目标、环境、"节点"的职能，制定各种分目标；

④ 根据实时信息进行实时调整，规避风险。

⑤ 控制预算，规避风险。

监督机制从以下几个方面进行风险监督：

① 通过预算进行风险监督；

② 通过各种检查、各种规章制度和措施执行情况进行监督，从而达到风险监控的目的；

③ 对盈利情况进行监督，明确企业运行情况，以评估各种规章制度和方法的效果，决定是否采取改进措施。

（2）建立风险预警系统

风险预警是一种事前控制风险的方法，指的是在项目评价中应用超前的措施来防范潜在风险，实现最大效益。风险预警系统能够在可能发生危险时启动应急计划并自动发出警报信号，以便工作人员及时补救。体育综合体运营过程的复杂性决定了其面临的风险也是繁复、庞杂的，因此建立相应的风险预警系统是风险预防的必要措施。